JN161492

Professional Engineer Library

機械力学

PEL編集委員会　[監修]
本江哲行　[編著]

実教出版

はじめに

「Professional Engineer Library (PEL):自ら学び自ら考え自ら高めるシリーズ」は,高等専門学校(高専)・大学・大学院の学生が主体的に学ぶことによって,卒業・修了後も修得した能力・スキル等を公衆の健康・環境・安全への考慮,持続的成長と豊かな社会の実現などの場面で,総合的に活用できるエンジニアとなることを目的に刊行しました。ABET,JABEE,IEA の GA (Graduate Attributes) などの対応を含め,国際通用性を担保した"エンジニア"育成のため,統一した思想*のもとに編集するものです。

▶本シリーズの特徴は,以下のとおりです。

❶……学習者(以下,学生と表記)が主体となり,能動的に学べるような,学習支援の工夫があります。学生が,必ず授業前に自学自習できる「予習」を設け,1つの章は,「導入⇒予習⇒授業⇒振り返り」というサイクルで構成しています。

❷……自ら課題を発見し解決できる"技術者"育成を想定し,各章で,学生の知的欲求をくすぐる,実社会と工学(科学)を結び付ける分野横断の問いを用意しています。

❸……シリーズを通じて内容の重複を避け,効率的に編集しています。発展的な内容や最新のトピックスなどは,Webと連携することで,柔軟に対応しています。

❹……能力別の領域や到達レベルを網羅した分野別の学習到達目標に対応しています。これにより,国際通用性を担保し,学生および教員がラーニングアウトカム(学習成果)を評価できるしくみになっています。

❺……社会で活躍できる人材育成の観点から,教育界(高専,大学など)と産業界(企業など)の第一線で活躍している方に執筆をお願いしています。

本シリーズは,高度化・複雑化する科学・技術分野で,課題を発見し解決できる人材および国際的に先導できる人材の養成に応えるものと確信しております。幅広い教養教育と高度の専門教育の結合に活用していただければ幸いです。

最後に執筆を快く引き受けていただきました執筆者各位と企画・編集に献身的なお世話をいただいた実教出版株式会社に衷心より御礼申し上げます。

2016年9月
PEL編集委員会一同

*文部科学省平成22,23年度先導的大学改革推進委託事業「技術者教育に関する分野別の到達目標の設定に関する調査研究報告書」準拠,国立高等専門学校機構「モデルコアカリキュラム(試案)」準拠

本シリーズの使い方

　高専や大学，大学院では，単に知識をつけ，よい点数や単位を取ればよいというものではなく，複雑で多様な地球規模の問題を認識してその課題を発見し解決できる，知識・理解を基礎に応用や分析，創造できる能力・スキルといった，幅広い教養と高度な専門力の結合が問われます。その力を身につけるためには，学習者が能動的に学ぶことが大切です。主体的に学ぶことにより，複雑で多様な問題を解決できるようになります。

　本シリーズは，学生が主体となって学ぶために，次のように活用していただければより効果的です。

❶……学生は，必ず授業前に各章の到達目標（学ぶ内容・レベル）を確認してください。その際，学ぶ内容の"社会とのつながり"をイメージしてください。また，関連科目や前章までに学んだ知識量・理解度を確認してください。⇒ **授業の前にやっておこう!!**

❷……学習するとき，ページ横のスペース・欄に注目し活用してください。執筆者からの大切なメッセージが記載してあります。⇒ **WebにLink，プラスアルファ，Don't Forget!!，工学ナビ，ヒント**

　また，空いたスペースには，学習のさい気づいたことなどを積極的に書き込みましょう。

❸……例題，演習問題に主体的，積極的に取り組んでください。本シリーズのねらいは，将来技術者として知識・理解を応用・分析，創造できるようになることにあります。⇒ **例題・演習を制覇!!**

❹……章の終わりの「あなたがここで学んだこと」で，必ず"振り返り"学習成果を確認しましょう。
　　⇒ **この章であなたが到達したレベルは？**

❺……わからないところ，よくできなかったところは，早めに解決・到達しましょう。⇒ **仲間などわかっている人，先生に Help**（※わかっている人は他者に教えることで，より効果的な学習となります。教える人，教えられる人，ともにメリットに！）

❻……現状に満足せず，さらなる高みにいくために，さらに問題に挑戦しよう。⇒ **Let's TRY!!**

　以上のことを意識して学習していただけると，執筆者の熱い思いが伝わると思います。

WebにLink	**+α プラスアルファ**	**Let's TRY!**
本書に書ききれなかった解説や解釈（写真や動画），問題などをWebに記載。	本文のちょっとした用語解説や補足・注意など。「WebにLink」にするほどの文字量ではないもの。	おもに発展的な問題など。
Don't Forget!!	**工学ナビ**	**ヒント**
忘れてはいけない知識・理解（この関係はよく使うのでおぼえておこう！）。	関連する工学関連の知識などを記載。	文字通り，問題のヒント，学習のヒントなど。

まえがき

　このたび「Professional Engineer Library：PEL」シリーズとして，『PEL 機械力学』を上梓することができて，心より嬉しく思っております。本書は機械系の4力学のひとつである機械力学について，学んだ知識を活用できるように，活用例を用い，内容をわかりやすく丁寧に説明したものです。数学や物理学を基本に工業力学を学び，これから本格的な専門科目を学ぼうとする読者の皆様が，受動的な学習から能動的・自律的な学習への転換ができるよう工夫もしています。

　このPELシリーズが，専門科目教育の新たなツールとして注目されることを切に願っております。

　教育現場では「継続的に学ぶ力」を習得させるために，学生が自ら課題を発見し解決をはかるアクティブ・ラーニングの充実が求められています。『PEL 機械力学』では，各章における到達目標の明示，予習，知識定着のための演習，知識を活用し知恵へと転換するための解説，到達目標のチェック，自己学習用スペースの確保など，アクティブ・ラーニングが実施できるしかけをたくさん用意しています。

　これから学ぶ機械力学は，機械や構造物の高速化や軽量化に伴い発生する振動や，人間や生物の運動に関する諸問題に取り組むため，さまざまな物体の運動について力学の考え方および原理を知る学問です。機械系の専門科目である材料力学，流体力学，熱力学とも関連が強く，機械力学だけで動的な諸問題すべてが解決できるわけではありません。材料力学との関係は，材料力学は静的運動を中心に強度や破壊現象を取扱うのに対し機械力学は，動的運動を取扱う学問です。流体力学と熱力学とは，流体や熱の移動で発生する振動があり，機械力学の知識と流体力学，熱力学の知識を総合的に活用して問題にあたっていく関係にあります。

　また，これまで学んできた数学や物理，工業力学の知識は機械力学を理解し活用するために必要です。数学のベクトル，微分方程式，行列，指数関数の知識と活用能力。物理や工業力学の力のつり合い，慣性力，慣性モーメント，エネルギの保存則の知識と活用能力が基本となります。でも，心配しないでください。この教科書では，学び易くするために，各章のはじめに，その章で学ぶために必要な項目を確認するような仕組み

になっています。また，側注を利用して，さまざまな内容どうしが結びつくように，Don't Forget!!，プラスアルファ，工学ナビ，Let's Try !! などのしかけも設けています。さらにアクティブ・ラーニングの充実がはかれるように Web への Link もあります。受け身型から主体的な学びへの転換を実現でき，機械力学と ICT などを活用した学習との連携をはかれるようなテキストとなるように，執筆者の先生方と検討を重ねながら，本書を作り上げました。

『PEL 機械力学』は，1 章当たり 10 ～ 20 ページ構成の 15 章で構成されており，各章はそれぞれのテーマに分かれているので，講義・自学自習でも利用しやすい構成となっています。

機械力学は難しいものだと思っておられる方も，講義前に必ず予習に取り組むことをお勧めします。機械力学を学ぶインセンティブやテクニカルな発想のために，科学技術の応用事例も掲載しています。初めは難しく考えずに，トピックスを知る程度で構いません。

各章の講義が終わりましたら，演習問題 A，演習問題 B を実際に自力で解きながら，理解を深めていってください。最後は"あなたがここで学んだこと"で到達目標をチェックして，各章の学習項目を確認することが重要です。このチェックが終わったならば，後は自分で納得がいくまで何度でも繰り返し練習することです。この反復練習により，社会で役立つ本物の実践力が身につきます。

『PEL 機械力学』により，皆さんがエンジニアリングデザイン能力を身につけることを心より期待しています。

最後に，本書の出版にあたり，実教出版の横山晃一様に多大なるご協力をいただきました。ここに記して心より謝意を表します。

著者を代表して
本江哲行

目次

まえがき ——————————————————— 4

1 章 機械振動学入門

- 1 節 機械振動とは ——————————————— 12
- 2 節 さまざまな振動 ——————————————— 14
- 3 節 振動の数学的表現 —————————————— 16
- ◆ 演習問題 ———————————————————— 17

2 章 動力学の基礎

- 1 節 運動の自由度と運動則 ———————————— 20
  1. 物体の運動と自由度
  2. 質点の運動則
  3. 剛体の運動則
- 2 節 振動系のモデル化 —————————————— 27
- ◆ 演習問題 ———————————————————— 29

3 章 1 自由度系の自由振動

- 1 節 非減衰 1 自由度系 —————————————— 32
  1. ばね-質量系の振動：水平ばね振り子
  2. ばね-質量系の振動：鉛直ばね振り子
  3. 単振り子
  4. 剛体振り子
  5. 回転系の運動方程式（ねじり振動系）
- 2 節 減衰 1 自由度振動系 ————————————— 38
  1. 粘性減衰のある振動系
  2. クーロン摩擦のある振動系
- ◆ 演習問題 ———————————————————— 43

4 章 1 自由度系の強制振動 I

- 1 節 非減衰系の強制振動 ————————————— 46
- 2 節 粘性減衰系の強制振動 ———————————— 50
  1. 過渡振動と定常振動
  2. 複数の調和外力が同時に入力された場合の強制振動
- ◆ 演習問題 ———————————————————— 55

5 章 1 自由度系の強制振動 II

- 1 節 周波数応答曲線 ——————————————— 58
- 2 節 非減衰系の周波数応答曲線 —————————— 59
- 3 節 粘性減衰系の周波数応答曲線 ————————— 60
  1. 変位振幅比と位相差
  2. 速度振幅比と加速度振幅比
  3. 半値幅法
- ◆ 演習問題 ———————————————————— 67

6 ― 章
振動の絶縁

- 1節　調和外力による加振と調和変位による加振 ―― 70
- 2節　振動絶縁 ―― 70
- 3節　基礎絶縁 ―― 73
- 4節　相対変位の調和加振応答 ―― 75
- ◆演習問題 ―― 77

7 ― 章
2自由度系の振動 I

- 1節　非減衰系の自由振動の基礎 ―― 80
  1. 運動方程式
  2. 固有角振動数
  3. 固有振動モード
  4. 自由振動の解
- 2節　並進運動と回転運動から成る2自由度系 ―― 85
  1. 連成・非連成
  2. 連成系の固有角振動数と固有振動モード
- ◆演習問題 ―― 87

8 ― 章
2自由度系の振動 II

- 1節　強制振動 ―― 92
  1. 力入力を受ける強制振動
  2. 変位入力を受ける強制振動
- 2節　動吸振器 ―― 95
- ◆演習問題 ―― 99

9 ― 章
2自由度系の振動解析

- 1節　運動方程式のマトリクス表示 ―― 102
- 2節　固有振動モードの直交性 ―― 104
- 3節　モード座標 ―― 105
- 4節　モード解析を用いた強制振動の解法 ―― 107
- ◆演習問題 ―― 109

10 ― 章
連続体の振動

- 1節　弦の横振動 ―― 112
  1. 運動方程式
  2. 波動方程式の解
  3. 固有値問題
- 2節　棒の縦振動 ―― 115
  1. 運動方程式
  2. 固有値問題（棒の縦振動）
- 3節　はりの横振動 ―― 119
  1. 運動方程式
  2. 運動方程式の一般解
  3. 固有値問題（はりの横振動）
- ◆演習問題 ―― 124

11章 回転体の振動

- 1節 剛性回転体のつり合わせ —— 128
  1. 不つり合いの種類
  2. つり合わせ（バランシング）
- 2節 弾性回転体の振動 —— 131
  1. 弾性軸をもつ回転体の運動方程式（曲げ振動）
  2. 危険速度
  3. 自動調心作用
- 3節 回転軸のねじり振動 —— 135
- ◁演習問題 —— 136

12章 振動計測とその方法

- 1節 振動計測の目的 —— 140
- 2節 振動センサの種類と原理 —— 140
- 3節 センサの取り扱い —— 143
- 4節 振動計測のための入力の種類 —— 144
  1. 常時微動入力による振動計測
  2. 実稼働入力による振動計測
  3. 外部加振入力による振動計測
- ◁演習問題 —— 146

13章 データ解析の方法

- 1節 データ処理 —— 150
- 2節 モード特性の同定の実際 —— 154
- ◁演習問題 —— 157

14章 非線形振動

- 1節 非線形振動 —— 160
  1. 非線形となる要素
  2. 非線形の自由振動の特徴
  3. 非線形の強制振動
- 2節 自励振動 —— 165
  1. 線形系の発散振動
  2. 非線形系の自励振動
- ◁演習問題 —— 169

15章 各種機械の振動と制振

- 1節 防振と制振 —— 172
  1. 制振方法
  2. 制振材料
  3. 制振性能の評価方法
- 2節 各種機械の振動 —— 178
  1. 工作機械のびびり振動の紹介
- 3節 振動対策の事例紹介 —— 178
  1. ディスクブレーキの鳴きに対する動吸振器
  2. エンドミルのびびり振動対策
- 4節 振動に関する資格と情報 —— 179

　　　　1. 振動に関する資格
　　　　2. 振動に関する情報
　◆演習問題 ─────────────── 180

解答 ─────────────── 184
索引 ─────────────── 188

※本書の各問題の「解答例」は，下記URLよりダウンロードすることができます。キーワード検索で「PEL機械力学」を検索してください。　https://www.jikkyo.co.jp/download/

■章の学習内容の関係図

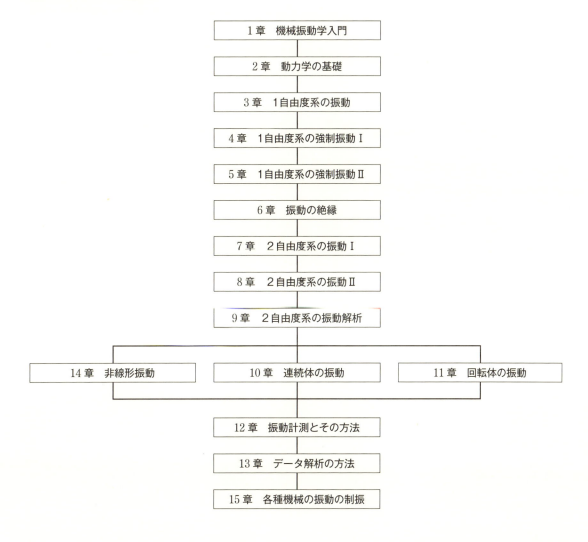

1章 機械振動学入門

「振動の世界」（提供：NPO法人 科学映像館 ©東京文映）

　機械振動をイメージするのに，まずはNPO法人科学映像館が無料配信する「振動の世界」（制作：東京文映，企画：神鋼電機，1971年，カラー29分）を見てみよう。数々の映画賞を受賞した科学技術映画である。

　この映画は，地震と建物，風と吊り橋，船舶，自動車，鉄道などといった多岐にわたる分野の振動問題を取り扱っている。1940年のタコマナローズ橋崩壊の動画や，鉄道車両の蛇行防止に関する実験動画など，貴重な資料が満載であり，先輩技術者達の奮闘を概観する機械振動学の入門として最適な内容となっている。

　近年の機械技術者達は，機械の高速化，軽量化や，ビルの高層化などによって新たな振動問題に直面している。開発期間やコストの厳しい制約のなかで安全・快適な製品を世に送り出さなければならない。そのための第一歩として何を学び理解したらよいだろうか。

●この章で学ぶことの概要

　機械振動学はさまざまな失敗事例から，その解析，対策を通して発展してきた学問である。実際の機械でどのような振動が，どのような原因で発生し，どのような問題を生じさせるのか，その事例について学ぶ。また，自由振動，強制振動，自励振動，係数励振などのさまざまな振動の種類についても学ぶ。

予習　授業の前にやっておこう!!

河川が数多く存在する我が国では，交通網の発達とともに橋梁が数多く建設されてきた。橋梁は道路，鉄道といった交通機関のほか，水路などを通すための建造物であり，我々の日常を支えるかけがえのない存在である。たとえば橋梁の架け替え工事があったとすると，その周辺道路，迂回路は渋滞し，物流や人の移動に大きな影響をおよぼすことからもわかるように，橋梁は都市機能を支える重要なインフラの一つである。

橋梁に関する事故は昔から多くある。1850年フランス・アンジェではバス・シェーヌ吊橋が崩壊した。崩壊の原因は風ではなく橋を渡っていたフランス軍の行進である。フランス軍500人が行進中に，その歩調によって橋が大きく揺れ出して崩壊。487人が落下し226人が死亡した。以来，フランスでは「吊り橋では歩調をそろえないよう」という立札が立てられるようになったという。

比較的最近の橋梁に関する事故，不具合は映像化された形での記録が多くあり，インターネットを利用して閲覧できることが多い。機械振動について本格的に勉強を始める前に，以下の3つの橋梁の動画をみつけ，その恐ろしさを事前に感じておこう。

(1) タコマナローズ橋（アメリカ合衆国）
　　開通　1940年7月，落橋　1940年11月。

(2) ロンドン・ミレニアム・フットブリッジ（イギリス）
　　開通　2000年6月，大きな揺れのため，数日後に閉鎖。

(3) ヴォルゴグラード橋（ロシア）
　　開通　2009年10月，半年後に大きな揺れが発生。

1　1　機械振動とは

身のまわりには振動現象が数多くある。大局的な視点で見ると，昼夜，気温の変動も繰り返しのある振動現象といえる。また，人間でみると，呼吸，心臓の鼓動，耳を通して聞こえる音などが繰り返しのある振動現象である。本書が取り扱う機械的な振動としてはどのような事例があるだろうか。

18世紀初頭に発明された蒸気機関は，おもに蒸気の圧力を利用してピストンを往復運動させ，リンク機構や歯車などの機構を介して回転運動に変換することで動力を得る熱機関である。それまでの人，馬，河川に代わる新たな動力として研究開発が進められた。鉱山の湧水を処理す

る排水ポンプに利用されたのをはじめ，綿工業，製鉄業などへと展開することで大量生産が進み産業革命が起こった。蒸気船，蒸気自動車，蒸気機関車の開発が進むことで，産業革命を前後して，蒸気機関が原因となる騒音問題，振動問題が質，量ともに激変した。

機械に生じた振動を放置し対策を施さなければ，振動が機械そのものを破壊し人事故につながる恐れがある。たとえば，アメリカ合衆国のタコマナローズ橋は開通後わずか4か月足らずで落橋した。その原因は横風により生じた橋の振動であるとされている。また，1995年に発生した高速増殖炉「もんじゅ」のナトリウム漏洩火災事故の原因は，二次系冷却系配管室の温度計の

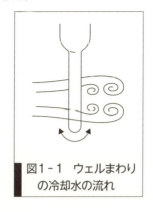

図1-1 ウェルまわりの冷却水の流れ

ウェル（さや）が，冷却水の流れによって振動を起こし（図1-1），その繰り返しによって疲労破壊が生じてウェルが破損したためとされている。同様の疲労破壊が，航空機の翼でも起こる恐れがある。航空機の翼は一種の**弾性体**（elastic body）*1 である。低速飛行中に翼に起こる振動は収まるが，ある速度以上の高速飛行になると空気の力で翼の振動が助長され，振幅が著しく増大する。このような現象を**フラッタ**（flutter）と呼び，翼が疲労破壊を起こして重大な航空事故につながる恐れがある。

数多くの事故，失敗を省みることにより振動解析，振動抑制の技術は飛躍的な進歩をとげてきた。機械の安全性が高まるにつれ，機械振動に対する人間の快適性を確保する技術に注目が集まるようになった。

たとえば船舶の船体は，波や風の力，旋回時の遠心力の大きさに応じて傾くが，その力が除かれれば**復元力**（restoring force）*2 によってもとの姿勢に戻る。その結果として図1-2に示すように，重心に生じる重力と浮心に生じる浮力の位置関係で復元力が働き，船体が横揺れ（ローリング）することで，船酔いなどの乗り心地悪化を引き起こす。そのため，豪華な世界一周クルーズで有名な飛鳥Ⅱ（全長241 m × 全幅29.6 m）は，横揺れ軽減対策として，アンチローリングタンク*3とフィン・スタビライザ*4 を装備している。

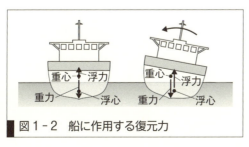

図1-2 船に作用する復元力

*1
弾性体とは
力が加わると変形するが，その力が除かれるともとに戻る物体のこと。

*2
復元力とは
平衡位置からずれた物体を，ずれた量に応じてもとの位置に戻そうとする向きに作用する力のことである。

*3
アンチローリングタンク
船首方向に対して左右に配置された2つのタンクを水が行き来することで振動をおさえる装置のこと。

*4
フィン・スタビライザ
両舷の船底付近に装備されている翼で，それらに働く揚力を制御して横揺れを軽減する。

図1-3はヨーロッパに多い石畳である。歴史，情緒を感じさせる街並みの重要な要素の一つであるが，このような路面の凹凸が自動車に強制的な振動を引き起こし，乗員の乗り心地を悪化させる。路面の凹凸を吸収し，乗員の乗り心地をよくするのが，車体とタイヤの間に位置するサスペンションである（図1-4）。

図1-3　ヨーロッパに多い石畳

図1-4　自動車用サスペンション
（提供：日産自動車株式会社）

　このように機械振動に対する技術は我々の生活の安全性，快適性，利便性や豊かさをもたらしたが，近年，環境エネルギー問題に対する取り組みも合わせて求められるようになり，新たな問題が生じている。たとえば，交通機械は利便性を高めるために高速化が進められるとともに消費エネルギーを抑制するための車体の軽量化が進められ，安全性，快適性を脅かす新たな機械振動問題が生じている。また，都市部の利便性を高めるためにビルなどの構造物の高層化が進められたが，安全性，快適性を脅かす横風や，地震に対する新たな機械振動問題が生じている。

1.2　さまざまな振動

*5
＋α プラスアルファ
カオス振動と呼ばれる，周期的でなく，まったくランダムでもない複雑な振動もある。ここではそのしくみについては触れないが，カオス振動の紹介としてよく演示実験される二重振り子の動きについて動画サイトなどで確認しておこう。たとえば，東京理科大学・池口研究室によって製作された動画では，二重振り子のほか，おもちゃで観測されるカオス現象が紹介されている。

*6
工学ナビ
地球も自由振動していることを覚えておこう。

　振動を分類すると，大きく自由振動，強制振動，そして自励振動，係数励振などの複雑な振動*5 に分けることができる。

　自由振動（free vibration）*6 とは，外力が加わらず初期条件（打撃や初期変位など）だけで発生し持続する振動のことである。物体にはそれぞれ振動しやすい固有の振動数（固有振動数）があり，自由振動の振動数は固有振動数となることが知られている。たとえば鐘を打ち鳴らすことを考えたとき，衝撃を与えられた鐘は自由振動し，鐘の音は固有振動

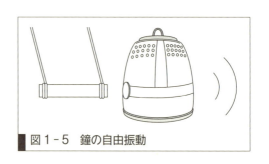

図1-5　鐘の自由振動

数によって決まる(図1-5)。また,機械や構造物の非破壊検査の一つに打音法がある。この方法は,検査員がハンマなどで衝撃を与えることで検査対象を自由振動させ,その打音から欠陥やボルトの緩みといった異常を検出する技術である(図1-6)。

図1-6 打音検査

強制振動(forced vibration)とは,外部からの力,基礎変位によって揺すられるときに機械に発生する振動のことである。たとえば,図1-3で示した石畳の凹凸は,外部から自動車を揺らし乗員の乗り心地を悪化させるような強制振動を引き起こす。また,地震は図1-7に示すようにビルなどの構造物の基礎部分を変位させ,最悪の場合,倒壊するなど多大な被害をもたらす恐れがある。とくに,固有振動数で揺らされる強制振動は,振動が成長し続けその振れ幅は著しく増加する。このような現象を**共振**と呼び,機械の破損や騒音などの問題を引き起こすので注意が必要である。

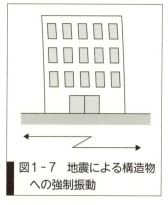

図1-7 地震による構造物への強制振動

自励振動(self-excited vibration)とは,振動的ではない外力からエネルギーが継続的に供給されることで発生する振動のことである。いったん励起された振動の振動数は固有振動数となり,振動が成長,継続する。たとえば前述のタコマナローズ橋の落橋は横風を原因とする自励振動,高速増殖炉もんじゅのナトリウム漏洩火災事故は二次系冷却水の流体力を原因とする自励振動,そして航空機の翼に生じるフラッタは翼まわりの**空気力**(aerodynamic force)[*7]を原因とする自励振動[*8]といわれている。

係数励振(parametric excitation)とは,振動する物体のパラメータ(質量などの係数)が周期的に変化することで発生する振動のことである。身近な例として,図1-8に示すブランコの物理モデルを考えよう。真下にいるときに体を縮めて重心を下げ,最も高く振れたときに体をいっぱいに伸ばして重心を高くする。ブランコの高い位置にきたときに体を伸ばすことによって,位置のエネルギーをブランコに与え,また低くなっ

図1-8 ブランコの物理モデル

[*7]
空気力とは
空気中を運動する物体に作用する力のことで,例として飛行機に作用する抗力や揚力があげられる。

[*8]
詳しくは第14章参照。

1-2 さまざまな振動

たときに体を縮めることによって運動エネルギーをブランコに与え加速する。重心を上げ下げすることは，振り子のロープの長さが長くなったり短くなったりすることに等しいと考えられる。

1 3 振動の数学的表現

　図1-9に示すような力学モデルの振動は周期関数として数学的に表現できる。たとえば**周期**（period）Tの振動が発生したとすると，質量の変位$x(t)$について次の関係が成立する。

$$x(t) = x(t + T) \qquad 1\text{-}1$$

このような周期運動を最も簡単に表す関数は三角関数である。たとえば，式1-1は，余弦関数を用いて次のように表すことができる。

$$x(t) = A\cos(\omega t - \phi) \qquad 1\text{-}2$$

ここで，Aを**振幅**（amplitude），ωを**角振動数**（angular frequency），$-\phi$を**初期位相**（initial phase）と呼ぶ。変位$x(t)$の時間応答は図1-10に示すようになり，一定の時間間隔Tで周期的変化を示す。このような振動を**調和振動**（harmonic vibration）と呼ぶ。周期Tと角振動数ωとの間には，次の関係が成り立つ。

$$T = \frac{2\pi}{\omega} \qquad 1\text{-}3$$

周期Tの単位は秒［s］，角振動数ωの単位はラジアン毎秒［rad/s］である。また，**振動数**（frequency）fは質点が1秒間に上下へ往復する回数を表し，周期Tとの間に次の関係が成り立つ。

$$f = \frac{1}{T} = \frac{\omega}{2\pi} \qquad 1\text{-}4$$

なお，振動数fの単位はヘルツ［Hz］＝［1/s］である。

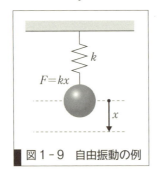

図1-9　自由振動の例

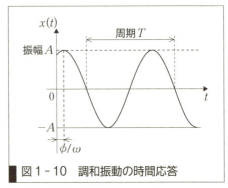

図1-10　調和振動の時間応答

*9
複素平面とは
複素数を図的に理解するために，横軸を実部に，縦軸を虚部に対応させた平面のこと。ガウス平面（Gaussian plane）とも呼ぶ。

　また，調和振動は複素数によっても表すことができる。図1-10の時間応答に対し，図1-11に示すように**複素平面**（complex plane）*9 を考える。

$$z = Ae^{j(\omega t - \phi)} \quad *10 \qquad 1-5$$

*10
j：虚数単位 $(= \sqrt{-1})$

ここでオイラーの公式を用いると，式 1-5 は次のように表すことができる．

$$\begin{aligned} z &= Ae^{j(\omega t - \phi)} \\ &= A\{\cos(\omega t - \phi) + j\sin(\omega t - \phi)\} \end{aligned} \qquad 1-6$$

つまり，質点の変位 $x(t)$ の時間応答は，式 1-6 の複素数を用いて次のように表すことができる．

$$x(t) = \mathrm{Re}(z) = A\cos(\omega t - \phi) \qquad 1-7$$

指数関数 e は微積分に対して扱いやすい関数であるので，機械振動の解析においては複素数表現を用いることも多い．

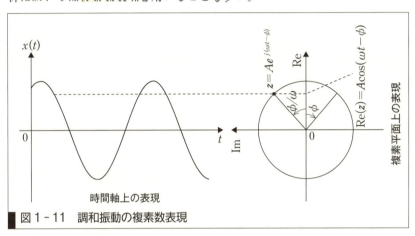

図 1-11　調和振動の複素数表現

演習問題　A　基本の確認をしましょう

WebにLink

1-A1　産業革命期と現代の機械振動問題の違いを時代背景とともに説明せよ．

1-A2　機械振動はどのように分類されるか，またそれぞれの振動の特徴，事例を答えよ．

1-A3　三角関数で表されるような周期的振動を何と呼ぶか，また周期 T と角振動数 ω，振動数 f の関係を答えよ．

演習問題　B　もっと使えるようになりましょう

WebにLink

1-B1　本章では，自動車の振動問題に対する技術例として，路面凹凸に対するサスペンションを紹介したが，ほかにも振動問題は数多く存在する．自動車を開発するにあたりどのような振動問題が生じるのか調査せよ．

1-B2　本章で取り上げた船舶，自動車，航空機以外の交通機械である

鉄道車両ではどのような振動問題が生じるのか調査せよ。

1-B3 本章では振動が機械の安全性や人間の快適性を損なうものとして説明した。逆に，振動を積極的に利用した製品，技術について調査せよ。

あなたがここで学んだこと

この章であなたが到達したのは
- □ 時代背景とともに変化した機械振動問題の歴史を，事例をあげて説明できる
- □ 機械振動を分類し，それぞれの振動の特徴と事例を説明できる
- □ 調和振動を例に，振動の基本的な数学表現を説明できる

　本章では，産業革命以後，機械振動問題がどのように変化していったかを説明した。本章とびらの科学技術映画「振動の世界」を見るとわかるように，先輩技術者達は振動対策のために数多くの模型の試作とその模型による実験を繰り返すことで，現在は当たり前のように実装されている振動防止技術を開発し，安全・快適な機械システムを世の中に送り出してきた。ただし，模型試作・実験は開発期間，コストがかかることから，近年はCAE（computer aided engineering）ソフトウェアによるシミュレーション技術を用いた解析の需要も拡大している。そのようなソフトウェアを使った演習も多くの学校で実施されているが，シミュレーション結果の検証実験やシミュレーションに必要なデータ収集実験など，シミュレーション技術が進歩すればするほど同時に実験の重要性も高まることを，機械振動問題の歴史とともに頭の片隅に留めておいてほしい。

2章 動力学の基礎

（提供：日産自動車株式会社）

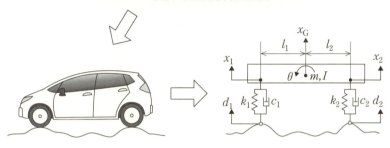

第1章では機械振動学入門として、さまざまな機械に発生する振動問題について学んだ。機械に発生する振動を考慮せずに設計を進めたり、振動への対策をおこたったりすれば、人命や環境へ影響を与える大事故につながる恐れがある。振動問題に対処できるエンジニアとなるには、何から学ぶ必要があるだろうか。

振動による疲労破壊や騒音を解析し防止するためには、複数の要因が複雑に関連する機械の振動現象を、質量やばねなどから構成される比較的簡素な力学モデルで表す必要がある。振動を生み出す機械運動は、並進方向だけではなく回転方向の運動も含まれるので、工業力学で学んだような回転系の運動方程式の取り扱いも必要になる。

●この章で学ぶことの概要

振動は時間的に変化を繰り返す現象であり、その記述は動力学が必要となる。本章では動力学の基礎として、物体の運動と自由度、質点の運動則、剛体の運動則を学ぶ。それに関連して、復元力、減衰力、慣性モーメントとは何かについて説明する。最後に、振動現象の解析に必要不可欠な振動系のモデル化について説明し、いくつかのモデル化事例をあげる。

予習　授業の前にやっておこう!!

1. 物理学で習ったエネルギーについて復習しておこう。
   位置エネルギー，運動エネルギー，力学的エネルギー保存の法則について説明せよ。

2. 物理学で習った運動方程式 $m\ddot{x} = F$ について復習しておこう。
   初速度0で手を放した質量 m の質点の自由落下を考えたとき，その運動方程式を表せ。

3. 工業力学で習った回転系の運動方程式 $I\ddot{\theta} = N$ について復習しておこう。
   (a) 慣性モーメント I とは何か，具体例をあげ説明せよ。
   (b) 角加速度 $\ddot{\theta}$ とは何か，説明せよ。
   (c) 力のモーメント（または，トルク）N とは何か，具体例をあげ説明せよ。
   (d) (a)〜(c)の各物理量の単位を説明せよ。

2.1 運動の自由度と運動則

2-1-1 物体の運動と自由度

対象とする物体の運動を表すために最小の座標の数を**自由度**（degree of freedom）と呼ぶ。図2-1に示す飛行機の運動を例に考えよう。まず，パイロットが操舵を加えずに飛行機が等速直線運動で空港から離れていく運動を考える。重心位置の運動を表すためには空港からの距離を座標とすれば十分なので，自由度は1（1自由度）である。次に，パイロットが操舵を加え飛行機が図2-1の平面上を移動する運動を考える。重心位置の運動を表すためには，たとえば緯度，経度を座標とすれば十分なので，自由度は2（2自由度）である。さらに高度を座標として加えると3次元空間内における飛行機の位置を表すことができ，自由度は3となる。

物体を質点ではなく剛体として考えたときの姿勢は，**オイラー角**（Euler angle）で表現される。図2-2に示す飛行機の姿勢を例に考えてみよう。重心に対して右手座標系[*1]を考えたとき，それぞれの軸まわりの回転運動に関する角度を，**ロール角**（roll angle），**ピッチ角**（pitch angle），**ヨー角**（yaw angle）と呼ぶ。解析の対象となる姿勢に応じて，適切な自由度の運動モデルを考える。

*1
右手座標系
3次元空間における座標系は，フレミングの法則のように，それぞれ直交させた親指，人差し指，中指の関係で表す。右手を使った右手座標系と左手を使った左手座標系があるが，多くの分野では右手座標系が標準とされている。

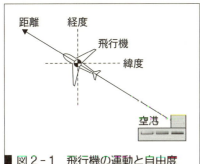
図2-1 飛行機の運動と自由度

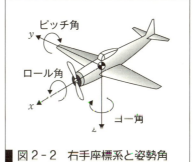
図2-2 右手座標系と姿勢角

2-1-2 質点の運動則

1. 運動方程式 物体の変位をxとするとき，速度，加速度はそれぞれ$\dot{x}$，$\ddot{x}$と表す[*2]。質量mの質点に力Fが作用し加速度$\ddot{x}$が生じた運動を表す運動方程式は以下のように表される[*3]。

$$m\ddot{x} = F \qquad 2-1$$

たとえば，初速度0で手を放した質量mの物体の自由落下を考えたとき，その運動方程式は以下のように表される。

$$m\ddot{x} = mg \qquad 2-2$$

したがって，加速度$\ddot{x}$，その時間積分である速度$\dot{x}$，そして速度$\dot{x}$の時間積分である落下距離xは以下のように表される[*4]。

$$\ddot{x} = g \qquad 2-3$$

$$\dot{x} = \int_0^t \ddot{x}d\tau = \int_0^t g d\tau = [g\tau]_0^t = gt \qquad 2-4$$

$$x = \int_0^t \dot{x}d\tau = \int_0^t g\tau d\tau = \left[\frac{1}{2}g\tau^2\right]_0^t = \frac{1}{2}gt^2 \qquad 2-5$$

このように，運動方程式（＝微分方程式）を立てそれを解くことで，その物体の運動がどのように変化するのかを表すことができる。

2. 復元力 復元力とは，静止している位置（平衡位置）からずれた物体を，ずれた量に応じてもとの位置に戻そうとする向きに作用する力のことである。たとえば，図2-3(a)に示す振り子系において，平衡位置（振り子が静止状態である$\theta=0$の位置）から角度θだけ持ち上げ静かに手を放すと，重力の回転運動方向成分$F=mg\sin\theta$が復元力として作用し自由振動が発生する。また，図2-3(b)に示すばね-質量系において平衡状態とは，重力とばねの弾性力がつり合っている状態を意味する。ばねの弾性特性が**フックの法則**（Hooke's law）に従う線形ばねであるとしたとき，弾性力Fと鉛直下方にずれた（引っ張った）量xとの関係は以下のように表すことができる。

$$F = kx \qquad 2-6$$

[*2] 変位を時間微分すると速度，速度を時間微分すると加速度となる。xの時間微分dx/dtを$\dot{x}$（読み方：エックスドット）と表す。

[*3] ニュートンによる第2法則では，$F=m\ddot{x}$となる。

[*4]
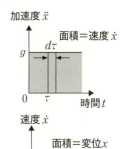
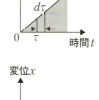

ここで，定数 k は**ばね定数**(spring constant)と呼ばれ，ばねの硬さ(ずらしにくさ)を表す．式 2-6 の弾性力が復元力となり自由振動が発生する．

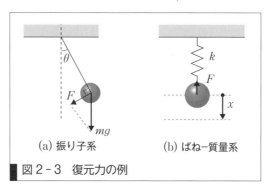

(a) 振り子系　　(b) ばね-質量系

図 2-3　復元力の例

ばねの合成

式 2-6 で表される線形ばねは復元力の力学モデルとしてよく用いられる．力学モデルの簡単化の際，複数の線形ばねを合成することがよくあるので，線形ばねが並列接続，直列接続された場合の合成ばね定数を求められるようにしておこう．図 2-4(a) に示す並列接続の場合，点 A に作用する弾性力 F は以下のように表せる．

$$F = F_1 + F_2 = k_1 x + k_2 x = (k_1 + k_2)x \qquad 2\text{-}7$$

したがって，合成ばね定数 k は $k_1 + k_2$ となる．一方，図 2-4(b) に示す直列接続の場合，点 C に作用する弾性力 F は，点 B に対する作用・反作用の法則によって以下のように表せる．

$$F = k_1 x_1 = k_2 x_2 \qquad 2\text{-}8$$

式 2-8 を利用して[*5]，全伸び量 x は以下のように表せる．

$$x = x_1 + x_2 = \frac{F}{k_1} + \frac{F}{k_2} = \left(\frac{k_1 + k_2}{k_1 k_2}\right)F \qquad 2\text{-}9$$

式 2-9 を弾性力 F について解くと以下のように表せる．

$$F = \left(\frac{k_1 k_2}{k_1 + k_2}\right)x \qquad 2\text{-}10$$

したがって，合成ばね定数 k は $k_1 k_2 / (k_1 + k_2)$ となる．

[*5] 式 2-8 をそれぞれのばねの伸び量 x_1, x_2 について解くと以下のように表せる．
$$x_1 = \frac{F}{k_1}, \quad x_2 = \frac{F}{k_2}$$

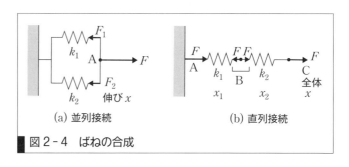

(a) 並列接続　　(b) 直列接続

図 2-4　ばねの合成

復元力の力学モデルとしてよく用いられるその他の要素を表2-1にまとめて示している。それぞれ、はりをたわませたときのたわみ量と荷重、丸棒をねじったときのねじれ角とねじりモーメントとの関係から、ばね定数は表2-1の最終行に示すように考えることができる。

表2-1　はりのたわみ、丸棒のねじりに関するばね定数の考え方[*6]

	片持ちはり 先端集中荷重	単純はり 偏心集中荷重	丸棒 ねじりモーメント
たわみ量 ねじれ角	$\delta = \dfrac{Fl^3}{3EI}$	$\delta_x = \dfrac{Fa^2(l-a)^2}{3EIl}$	$\theta = \dfrac{Nl}{GI_p}$
ばね 定数	$\dfrac{3EI}{l^3}$	$\dfrac{3EIl}{a^2(l-a)^2}$	$\dfrac{GI_p}{l}$

3. 減衰力　減衰とは次第に減少していく現象を指す。図2-3に示す振動系で発生する自由振動は、力学的エネルギー（位置エネルギーと運動エネルギーの和）が保存されるため振動が持続する。しかし、質点に対してたとえば空気抵抗や摩擦が作用すれば、振動は次第に減少していく。これを**減衰振動**（damped oscillation, damped vibration）と呼び、減衰を発生させる力のことを**減衰力**（damping force）と呼ぶ。自動車では自由振動や共振による乗員の乗り心地悪化、部品の破損、騒音を防ぐために、ショックアブソーバ、エンジンマウントラバー、制振材といった減衰要素が使われている。

減衰力の力学モデルとしては、物体の速度に比例して発生する**粘性減衰**（viscous damping）がよく用いられる。図2-5(a)に示すモデル図でそのイメージを深めよう。注射器状の容器に対して、ピストンをゆっくりと押し込むとその抵抗は小さいが、ピストンを勢いよく押し込むとその抵抗は大きく感じる。つまり、抵抗はピストン速度に応じて大きさが変化する。その関係を比例関係としたのが粘性抵抗であり、減衰力Fとピストン速度$\dot{x}$の関係は以下のように表すことができる。

$$F = c\dot{x} \qquad 2\text{-}11$$

ここで、定数cは**粘性減衰係数**（viscous damping coefficient）と呼ぶ。図2-5(b)は、図2-3(b)のばね-質量系に粘性減衰を加えた振動系を示している。粘性要素として、ショックアブソーバのほかに、ダッシュポット、ダンパといった呼び方もある。本書では以降、**ダンパ**（damper）と呼ぶことにする。

[*6]
表中の以下の定数は、使用する材料や断面形状によって決まる。
E：縦弾性係数（ヤング率）
I：断面二次モーメント
I_P：断面二次極モーメント
G：横弾性係数
詳しくは、「PEL材料力学」（実教出版）を参照すること。

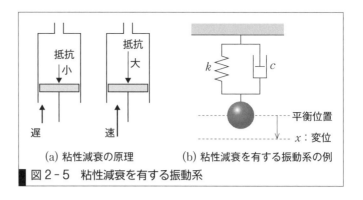

図2-5 粘性減衰を有する振動系

(a) 粘性減衰の原理　(b) 粘性減衰を有する振動系の例

*7 詳しくは,「PEL 工業力学」(実教出版)を参照すること。

2-1-3 剛体の運動則*7

1. 剛体の動力学　剛体(rigid body)において,外力の作用線が物体の重心を通る場合は並進運動となる。たとえば図2-6(a)のように,半径r,質量mの球を静かに手から放して自由落下させる場合,質量が一様分布であれば重心位置は球の中心となり,そこに作用する外力は重力のみ

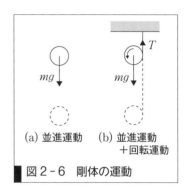

(a) 並進運動　(b) 並進運動＋回転運動

図2-6 剛体の運動

と等価的に考えられる。このとき球の運動は**並進運動**(translational motion)となり,その運動方程式は式2-2で表される。

一方,物体の重心を作用線が通らない外力が存在する場合は並進運動とともに**回転運動**(rotational motion)を考える必要がある。たとえば図2-6(b)のように,ひもが巻きつけられた半径r,質量mの球を静かに手から放して落下させる場合を考える。ただし,ひもの一端を天井に固定してあるので,球には重力のほかに張力Tが作用し回転運動をともなう。このような物体の運動は,以下のとおり重心に対する質点の運動方程式(式2-12)と,重心まわりの回転の運動方程式(式2-13)を考える。

$$並進の運動方程式:m\ddot{x}=F \qquad 2-12$$

$$回転の運動方程式:I\ddot{\theta}=N \qquad 2-13$$

ここで,Nは**力のモーメント**(moment of force),または**トルク**(torque),Iは**慣性モーメント**(moment of inertia),$\ddot{\theta}$は角加速度*8である。

*8 角加速度とは,角速度の時間微分(変化率)である。角速度は単位時間当たりの角度変化である。

2. 慣性モーメント　慣性モーメントIは物体の回転運動にかかわりのある物理量である。式2-12,式2-13を比較すると,回転運動における慣性モーメントIの作用は,並進運動における質量mの作用と同様らしいことが推測できるだろう。並進運動において,質量mの大きさ

は物体の動き出しやすさ，動きの止めやすさに関係している*9。回転運動において，慣性モーメント I の大きさは物体の回転しやすさ，回転の止めやすさに関係している*10。

慣性モーメントの本質を理解するために，まずは図2-7(a)の場合の慣性モーメントについて考えてみよう。質量が無視できる棒の一端を回転軸とし，回転軸から r 離れた他端に質量 m が集中して存在している。この場合，慣性モーメントは以下のように表すことができる。

$$I = mr^2 \qquad 2\text{-}14$$

この式からわかるように，質量が回転軸からどれだけ離れて存在しているかによって慣性モーメントは大きく変わる。

次に，図2-7(b)に示す剛体の慣性モーメントを考えよう。微小質量 dm_i が回転軸Oから距離 r_i だけ離れて分布して存在している。この場合，慣性モーメントは以下の式で定義される。

$$I = \sum dm r_i^2 \qquad 2\text{-}15$$

微小質量が無限に存在すると考えると，式2-15は積分記号を用いて次式のようになる。

$$I = \int r^2 dm \qquad 2\text{-}16$$

やや複雑な表現となっているが，本質は式2-15と同様である。均質な物体の代表的な慣性モーメントを表2-2に示す。

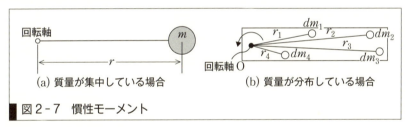

(a) 質量が集中している場合　　(b) 質量が分布している場合

図2-7 慣性モーメント

慣性モーメントを計算するときに，次に述べる2つの定理がよく用いられる。

・**平行軸の定理**[*11]

図2-8(a)に示すように，質量 m の物体に対し，重心Gを通る回転軸まわりの慣性モーメントを I_G とする。その回転軸に平行で距離 h だけ離れた別の回転軸まわりの慣性モーメント I は以下のように表せる。

$$I = I_G + mh^2 \qquad 2\text{-}17$$

・**直交軸の定理**

薄い板状の物体に図2-8(b)のような座標軸を考え，この物体を x 軸，y 軸，z 軸まわりで回転させるときの慣性モーメントをそれぞれ I_x，I_y，I_z とする。このとき，以下の関係が成り立つ。

$$I_z = I_x + I_y \qquad 2\text{-}18$$

*9 Let's TRY!!
質量の大きい大型バスと，質量の小さい軽自動車で，動き出しやすさ，動きの止めやすさを力の観点から考えてみよう。

*10 Let's TRY!!
傘でシャフトを回転軸と考えて実験してみよう。傘を閉じていれば，ある程度の質量を有する傘布とそれを支える骨は回転軸付近に位置するので式2-14から慣性モーメントは小さいといえる。一方，傘を開けば傘布と骨が回転軸から離れて位置するので慣性モーメントが大きくなる。閉じているときと開いているときで傘の回しやすさが違ってくることを確認しよう。また，野球のスイングにおいて，バットを短く持ったときと長く持ったときはどちらが振りやすいか考えてみよう。

*11 ＋α プラスアルファ
スタイナー(Steiner)の定理とも呼ぶ。

表2-2 代表的な慣性モーメント（質量 m で均質な物体を仮定）

名称	形状	慣性モーメント
棒	A―G, $a/2$, a	$I_A = \dfrac{ma^2}{3}$ $I_G = \dfrac{ma^2}{12}$
四角形	辺 $a \times b$、重心 G	$I_x = \dfrac{mb^2}{12}, \quad I_y = \dfrac{ma^2}{12}$ $I_z = \dfrac{m(a^2+b^2)}{12}$
三角形	底辺 a、b、高さ h	$I_z = \dfrac{mh^2}{18}$ $I_z = \dfrac{m(a^2-ab+b^2)}{18}$ $I_z = \dfrac{m(a^2-ab+b^2+h^2)}{18}$
円	半径 r	$I_x = I_y = \dfrac{mr^2}{4}$ $I_z = \dfrac{mr^2}{2}$
円柱	半径 r、高さ h	$I_x = I_y = \dfrac{m(3r^2+h^2)r^2}{12}$ $I_z = \dfrac{mr^2}{2}$
球	半径 r	$I_x = I_y = I_z = \dfrac{2mr^2}{5}$

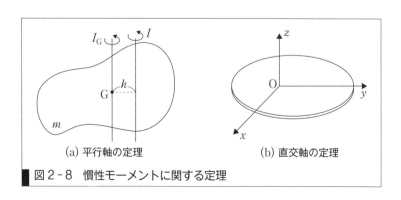

(a) 平行軸の定理　　(b) 直交軸の定理

図2-8 慣性モーメントに関する定理

2・2 振動系のモデル化

　機械の振動現象は複数の要因が複雑に関連して発生している場合がほとんどであるので解析は困難である。そこで，その機械の物理的な特性を適切に表した比較的簡素な力学モデルを用いて解析が行われる。力学モデルは，ばねやダンパといった復元力，減衰力や質量，慣性モーメントなどを組み合わせたものであり，その力学モデルを得ることを振動系のモデル化と呼ぶ。

　振動系のモデル化の例を見てみよう。図2-9は，自動車の乗り心地を解析するのによく用いられる1/4車体モデルの例である。図2-9(a)に示す1自由度モデルにおいて，質量mは車体であり，ばねとダンパが並列接続されている部分は前章の図1-4に示したサスペンションである。力学モデルを簡素化するほど，実際の特性に対する精度は低下する。したがって，たとえば，図2-9(b)のように，質量m_1とばねk_1から成るタイヤの力学モデルを付加した2自由度モデルを対象とするなど，解析する現象に適切な力学モデルを構築することが重要である。

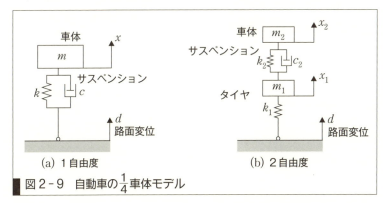

図2-9　自動車の$\frac{1}{4}$車体モデル

　図2-10は，上下・ピッチ方向に関する自動車の強制振動を解析するためのより詳細なモデル化の例である。質量m，慣性モーメントIの車体を，前輪，後輪に配置されたばねとダンパから成るサスペンションが支持している。上下の並進運動に関する運動方程式と，ピッチ方向

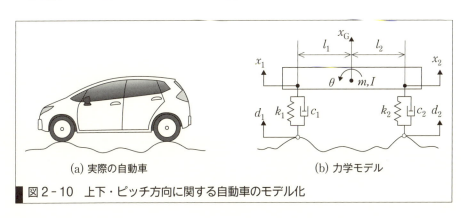

図2-10　上下・ピッチ方向に関する自動車のモデル化

に関する回転運動に関する運動方程式を求めることで，この強制振動を解析することができる．たとえば，外部から作用する路面上下変位 d_1，d_2 が，乗員の乗り心地に影響を与える車体重心変位 x_G，ピッチ角 θ にどのように影響を与えるかといったことが解析できるようになる．その詳細については後述の第 7 章を参照されたい．

その他のモデル化の例を見てみよう．図 2-11 は，構造物の振動を解析するための力学モデルの例である．実際の建築物を骨組みで表したとしても，その解析は複雑である．そこで，さらに簡素化した質点系モデルを考える．

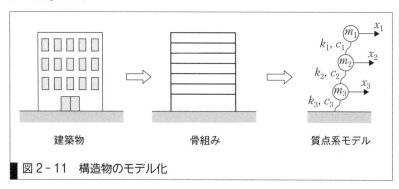

図 2-11 構造物のモデル化

ここで，図 2-11 の質点系モデルはせん断形で横方向の変位のみを考えればよいとすると，その運動方程式は以下のように記述できる．

$$m_1\ddot{x}_1 = -k_1 x_1 + k_1 x_2 - c_1 \dot{x}_1 + c_1 \dot{x}_2 \qquad 2\text{-}19$$

$$m_2\ddot{x}_2 = k_1 x_1 - (k_1 + k_2)x_2 + k_2 x_3 + c_1 \dot{x}_1 - (c_1 + c_2)\dot{x}_2 + c_2 \dot{x}_3$$
$$\qquad 2\text{-}20$$

$$m_3\ddot{x}_3 = k_2 x_2 - (k_2 + k_3)x_3 + c_2 \dot{x}_2 - (c_2 + c_3)\dot{x}_3 \qquad 2\text{-}21$$

一般に，n 自由度の力学モデルを解析するためには，n 本の微分方程式を記述しなければならない．多自由度になるほどみとおしが悪くなるので，以下のような行列表示[*12]が使われることが多い．

$$M\ddot{X} + C\dot{X} + KX = 0 \qquad 2\text{-}22$$

たとえば，式 2-19～2-21 で表される力学モデルを行列表示すると以下のようになる．

$$\begin{bmatrix} m_1 & 0 & 0 \\ 0 & m_2 & 0 \\ 0 & 0 & m_3 \end{bmatrix} \begin{Bmatrix} \ddot{x}_1 \\ \ddot{x}_2 \\ \ddot{x}_3 \end{Bmatrix} + \begin{bmatrix} c_1 & -c_1 & 0 \\ -c_1 & c_1+c_2 & -c_2 \\ 0 & -c_2 & c_2+c_3 \end{bmatrix} \begin{Bmatrix} \dot{x}_1 \\ \dot{x}_2 \\ \dot{x}_3 \end{Bmatrix}$$
$$+ \begin{bmatrix} k_1 & -k_1 & 0 \\ -k_1 & k_1+k_2 & -k_2 \\ 0 & -k_2 & k_2+k_3 \end{bmatrix} \begin{Bmatrix} x_1 \\ x_2 \\ x_3 \end{Bmatrix} = \begin{Bmatrix} 0 \\ 0 \\ 0 \end{Bmatrix} \qquad 2\text{-}23$$

このような行列表示をするメリットは，線形代数で学ぶ諸定理，性質を応用して，振動系の解析を行えることである．

[*12]
行列表示
行列の例
$$A = \begin{bmatrix} a_{11} & a_{12} \\ a_{21} & a_{22} \end{bmatrix}$$
行ベクトルの例
$$[a_{11} \ a_{12} \ \cdots \ a_{1n}]$$
列ベクトルの例
$$\begin{bmatrix} a_{12} \\ a_{22} \\ \vdots \\ a_{m2} \end{bmatrix}$$
ベクトル，行列の演算をしっかりと復習しておこう．

演習問題　A　基本の確認をしましょう

2-A1　物体の自由度とは何か，具体例をあげて説明せよ．

2-A2　図2-4において，$k_1 = 1000$ N/m，$k_2 = 2000$ N/m のとき，それぞれの合成ばね定数 k の値を求めよ．

2-A3　慣性モーメントと，物体の回転しやすさ，回転の止めやすさについて説明せよ．

2-A4　振動系のモデル化をなぜ行うのか，その理由について説明せよ．

演習問題　B　もっと使えるようになりましょう

2-B1　ヒトの片腕は何自由度あるか，説明せよ．

2-B2　長さ1 m，縦弾性係数 206 GPa，断面二次モーメント 1.26 cm^4 の丸鋼管の片持ちはりが，先端荷重を受ける場合のばね定数を求めよ．

2-B3　図アに示すような直径 75 mm の 5 個の穴 A～E をもつ，厚さ 25 mm，直径 400 mm の鋳鉄製円板がある．穴 A～D は，直径 240 mm の同心円上に等間隔に設けられている．鋳鉄の密度を 7.28 g/cm^3 とするとき，円板の中心を通り板面に垂直な軸 z に関する慣性モーメントを求めよ*13．

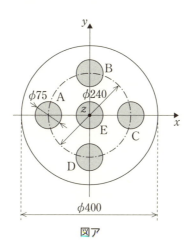

図ア

*13
💡ヒント
穴の慣性モーメントはマイナスとして考える．また，軸 z に関する穴 A～D のマイナスの慣性モーメントは，平行軸の定理を利用して求める．

2-B4　図2-9(b)に示す 2 自由度 1/4 車体モデルの運動方程式を求めよ．

2-B5　図2-6(b)に示す半径 r の球に作用する張力 T と，球の重心における加速度を求めよ．

> **あなたがここで学んだこと**
>
> この章であなたが到達したのは
> - □ 物体の運動に関する自由度とは何か説明できる
> - □ 質点の運動,剛体の運動を表す運動方程式を記述できる
> - □ 復元力,減衰力は何か,またそれぞれの具体例を説明できる
> - □ 慣性モーメントとは何か説明できる
> - □ 振動系のモデル化を行う目的を説明できる
>
> 本章では物体の運動の自由度とその運動則についてまずは説明した。質点の運動則の説明においては,復元力,減衰力とそれぞれの代表的な力学モデルについて説明した。剛体の運動則の説明においては,並進の運動方程式に加え,回転の運動方程式と慣性モーメントについて説明した。それらの運動則に関する知識は工業力学や材料力学などに関連しており,振動系のモデル化を行うために必要不可欠なものである。他の科目との関連を意識しながら,物理量の直感的な意味の説明や具体的な数値計算を行うことができるよう,しっかりと理解を深めてほしい。

3章 1自由度系の自由振動

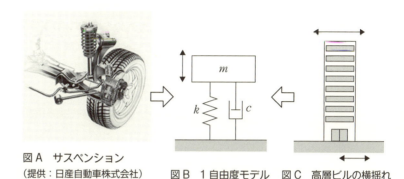

図A サスペンション
（提供：日産自動車株式会社）　　図B　1自由度モデル　　図C　高層ビルの横揺れ

　私たちはふだんの生活のなかで，さまざまな機械装置や構造物に囲まれている。図Aは，自動車のサスペンションを示している。サスペンションは，タイヤが確実に路面に接地することと，走行中に搭乗者が路面の凸凹による衝撃を受けにくくするための装置である。それでは，どのように設計，製作したら，搭乗者が快適に移動できるようになるのであろうか。さらに，図Cは高層ビルの概略図である。風や地震動による横揺れの発生が懸念される。この横揺れへの対応はどのように考えればよいのだろうか。

　これらの解決のためには，対象物で発生する振動現象をよく理解することが必要である。そのためには，対象とする機械や構造物のモデル化と定式化を適切に行うことが重要である。

　振動系を扱うための基本モデルは，図Bに示すように慣性要素 m，弾性要素 k および減衰要素 c で表される1自由度振動系である。本章では，この1自由度振動系の扱いについて詳しく学んでいこう。

●この章で学ぶことの概要

　本章では，1自由度振動系を対象として，振動系の外部から力が作用せず，初期条件によって物体の振動が励起される自由振動について学ぶ。初期条件とは，物体の初期変位や初期速度を指すが，物体の応答が系内に存在する減衰力の性質によって異なることも解説する。次章以降で示される，より複雑な振動系の動的挙動を理解するうえでの基本となるので，しっかりと理解してほしい。

予習 授業の前にやっておこう!!

1. 質点および剛体とは何か説明せよ。

2. 固有振動数とは何か調べよ。

3. 単振り子の固有振動数は，振り子の長さの影響を受けるか述べよ。

4. ダンパとは何か説明せよ。

5. クーロン摩擦とは何か説明せよ。

3・1 非減衰1自由度系

3-1-1 ばね-質量系の振動：水平ばね振り子

図3-1のように水平な面上に置かれた質点と質量が無視できるばねから成る振動系を，**水平ばね振り子**（horizontal spring pendulum）という。図(a)のように一端が固定されたばね定数kのばねに質量mを取

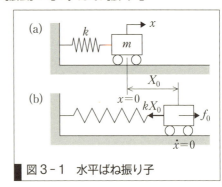

図3-1 水平ばね振り子

りつけ，図(b)のように外力f_0を作用させる。外力f_0を作用させる向きを変位の正方向として，質点の静止位置からの変位をxとする[*1]。

外力とばねの復元力とがつり合うので，このときのばねの伸びをX_0とするとフックの法則より，

$$f_0 = kX_0 \qquad 3-1$$

である。その後に外力f_0をゼロとすると，質点はばねの自然長の位置を中心に往復運動をする。このように，質点が外力の作用を受けずに振動することを**自由振動**（free vibration）という。

次に，運動方程式を求める。質点にはばねの復元力kxおよび慣性力$m\ddot{x}$が作用するので運動方程式は，

$$m\ddot{x} = -kx \qquad 3-2$$

となる。ここで，

[*1] このように，任意の時刻における物体の位置や速度を，ただ1つの座標軸で表すことができるとき，この座標系を**1自由度系**という。

$$\omega_n^2 = \frac{k}{m} \qquad 3-3$$

とおけば，式3-2は，次のように表される。

$$\ddot{x} + \omega_n^2 x = 0 \qquad 3-4$$

運動方程式3-4を解き，任意の時刻tでの変位$x(t)$を求める。解を，Cとλを未知定数として，$x(t) = Ce^{\lambda t}$とおく。式3-4に代入すると，

$$C(\lambda^2 + \omega_n^2)e^{\lambda t} = 0 \qquad 3-5$$

となる。式3-5が任意のtならびにCに対して成り立つ条件は，

$$\lambda^2 + \omega_n^2 = 0 \qquad 3-6$$

であり，これを解くと，

$$\lambda = \pm j\omega_n \qquad 3-7$$

となる。式3-6は，**特性方程式**(characteristic equation)と呼ばれる。以上より，変位$x(t)$の一般解は，次のように表される。

$$x(t) = C_1 e^{j\omega_n t} + C_2 e^{-j\omega_n t} \qquad 3-8$$

ここで，C_1とC_2は初期条件で決まる定数である。

式3-8にオイラーの公式を適用し，さらに初期条件として，$t=0$のとき，$x(0)=x_0$，$\dot{x}(0)=v_0$とすると，$x(t)$は，

$$x(t) = x_0 \cos\omega_n t + \frac{v_0}{\omega_n}\sin\omega_n t \qquad 3-9 \,^{*2}$$

と求められる。また，速度$v(t) = \dot{x}(t) = dx(t)/dt$を求めると，次式を得る。

$$v(t) = -\omega_n x_0 \sin\omega_n t + v_0 \cos\omega_n t \qquad 3-10$$

さらに，式3-9を変形して，次式のようにも表現できる。

$$x(t) = X\cos(\omega_n t - \phi) \qquad 3-11 \,^{*3}$$

ただし，Xとϕは，

$$X = \sqrt{x_0^2 + \left(\frac{v_0}{\omega_n}\right)^2} \qquad 3-12$$

$$\phi = \tan^{-1}\left(\frac{v_0}{x_0 \omega_n}\right) \qquad 3-13$$

である。式3-11を図に示すと，図3-2のようになる。Xは(片)振幅，ϕは**位相角**(phase angle)と呼ばれる。ここで，振動数をf_n[Hz]，角振動数をω_n[rad/s]で表すと，

$$f_n = \frac{\omega_n}{2\pi} = \frac{1}{2\pi}\sqrt{\frac{k}{m}} \qquad 3-14$$

となり，それぞれ**固有振動数**(natural frequency)，**固有角振動数**(natural angular frequency)という。また，固有振動数の逆数を**固有周期**(natural period)$T_n = 1/f_n = 2\pi/\omega_n$といい，単位はs(秒)である。

---

*2
式3-8にオイラーの公式を用いると，
$$x(t) = (C_1 + C_2)\cos\omega_n t + j(C_1 - C_2)\sin\omega_n t$$
と表せる。ここで，$A = C_1 + C_2$，$B = j(C_1 - C_2)$とおくと，
$$x(t) = A\cos\omega_n t + B\sin\omega_n t$$
となる。初期条件として，$t=0$のとき，$x(0)=x_0$，$\dot{x}(0)=v_0$とすると，
$$x(0) = A = x_0$$
を得る。また，
$$\dot{x}(t) = -\omega_n A\sin\omega_n t + \omega_n B\cos\omega_n t$$
であるので，$t=0$で，
$$\dot{x}(0) = \omega_n B = v_0$$
を得る。したがってBは，
$$B = \frac{v_0}{\omega_n}$$
となる。以上より，式3-9が求められる。

*3
このように三角関数で表される運動を**単振動**(simple harmonic vibration)という。

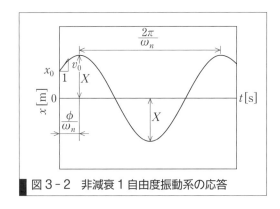

図3-2 非減衰1自由度振動系の応答

3-1-2 ばね-質量系の振動：鉛直ばね振り子

図3-1に示す水平ばね振り子を，図3-3に示すように鉛直につるす場合を考える。これを**鉛直ばね振り子**(vertical spring pendulum)という。この図に示すように，ばねに質量 m の物体をつるすと，ばねはつるした物体にかかる重力 mg により δ だけ伸びて静止する。

この状態からさらに物体を垂直下方向に引き下げてから静かに放した場合の運動を考える。質点の静止位置（平衡位置）からの変位を x，質量 m をつるす前の位置からの変位を X とする。

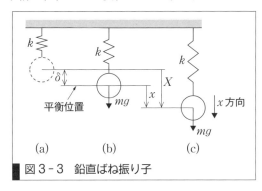

図3-3 鉛直ばね振り子

質点には重力 mg，ばねの復元力 kX および慣性力 $m\ddot{X}$ が作用する。下方に働く力の方向を変位 x および X の正方向とすれば，運動方程式は，

$$m\ddot{X} = -kX + mg \qquad 3\text{-}15$$

と表せる。$X = x + \delta$ であるから，次式を得る。

$$m\ddot{x} + k(x + \delta) - mg = 0 \qquad 3\text{-}16$$

ところが，

$$k\delta = mg \qquad 3\text{-}17$$

であるから，式3-16は，次のようになる。

$$m\ddot{x} + kx = 0 \qquad 3\text{-}18$$

すなわち，質点の平衡位置からの運動に対し，重力は影響しないことがわかる。式3-18の両辺を質量 m で割り，$\omega_n^2 = k/m$ とおくと，

$$\ddot{x} + \omega_n^2 x = 0 \qquad 3\text{-}19 \quad *4$$

となる。これは，式 3-4 と同じであるため，単振動を表す式であることがわかる。よって，鉛直ばね振り子における質点の位置や速度を求めるには，水平ばね振り子の場合と同様に扱えばよいことがわかる。

*4
鉛直ばね振り子では，式 3-17 より
$$m = k\delta/g$$
である。
よって，固有角振動数は，
$$\omega_n = \sqrt{\frac{k}{m}} = \sqrt{\frac{g}{\delta}}$$
となり，δ をはかれば，その値を求められる。

例題 3-1 図 3-1 に示す振動系において，$m = 1.5$ kg，$k = 20 \times 10^3$ N/m とする。この振動系の固有振動数 f_n [Hz] を求めよ。また，初期条件として $t = 0$ のとき初期変位 $x_0 = 10$ mm，初期速度 $v_0 = 2$ m/s とする。$t = 0.02$ s のときの変位 x と速度 v を求めよ。

解答 固有角振動数は，$\omega_n = \sqrt{k/m} = \sqrt{20 \times 10^3/1.5} = 115.5$ rad/s

固有振動数は，$f_n = \omega_n/(2\pi) = 18.4$ Hz より，

式 3-9，式 3-10 に代入して，変位 x と速度 v は次のようになる。

$$x = 0.01 \times \cos(115.47 \times 0.02) + \left(\frac{2}{115.47}\right)\sin(115.47 \times 0.02)$$
$$= 6.1 \times 10^{-3}\ \text{m}$$
$$v = -115.47 \times 0.01 \sin(115.47 \times 0.02) + 2\cos(115.47 \times 0.02)$$
$$= -2.2\ \text{m/s}$$

3-1-3 単振り子

図 3-4 のように上端が固定された質量が無視できる長さ l の糸の下端に質量 m の物体をつるし，鉛直面内で小さい角度 θ で揺らすと，物体は，点 O を中心とし半径 l の円弧上を往復運動する。このような振り子を**単振り子**（simple pendulum）という。

鉛直線に対して θ だけ微小変位した状態を考えると，点 O のまわりのトルク N は，$\theta \ll 1$ のとき，$\sin\theta \fallingdotseq \theta$ であるので，$N = lmg\sin\theta \fallingdotseq lmg\theta$ となる。点 O に関する慣性モーメントを I_O [kgm^2] とすれば，回転運動の運動方程式は，

$$I_O\ddot{\theta} = -lmg\theta \qquad 3\text{-}20$$

となる。$I_O = ml^2$ であるから運動方程式は，

$$\ddot{\theta} + \frac{g}{l}\theta = 0 \qquad 3\text{-}21$$

となる。$\omega_n^2 = g/l$ とおけば式 3-4 と同じになる。したがって単振り子の固有振動数 f_n [Hz] は，次式で得られる。

$$f_n = \frac{\omega_n}{2\pi} = \frac{1}{2\pi}\sqrt{\frac{g}{l}} \qquad 3\text{-}22$$

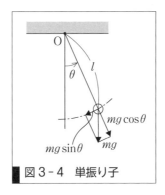

図3-4 単振り子

3-1-4 剛体振り子

図3-5に示すように振動する剛体を**剛体振り子**(rigid body pendulum)という。これは，**実体振り子**とか**物理振り子**(physical pendulum)とも呼ばれる。この振り子では，点Oまわりの回転運動を考える。

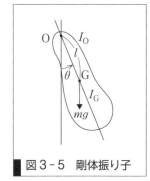

図3-5 剛体振り子

点Oまわりの慣性モーメントを I_O とし，振り子の垂直な位置からの角度が θ となったときのモーメントのつり合いを考える。運動方程式は，次式となる。

$$I_O \ddot{\theta} = -mgl\sin\theta \qquad 3-23$$

$\theta \ll 1$ のとき，式3-23は次式となる。

$$I_O \ddot{\theta} = -mgl\theta \qquad 3-24$$

この式は，式3-20と同じで振動を表す式である。固有角振動数 ω_n [rad/s] は，次のとおりである。

$$\omega_n = \sqrt{\frac{mgl}{I_O}} \qquad 3-25$$

例題 3-2 図3-6に示すように長さ $l = 150$ mm の一様な棒の一端を回転自由な状態で支持して剛体振り子とする。この剛体振り子の固有振動数 f_n [Hz] と周期 T [s] を求めよ。

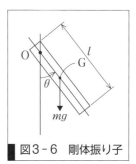

図3-6 剛体振り子

解答 第2章で学んだ平行軸の定理(式2-17)を用いると，

$$I_O = I_G + m\left(\frac{l}{2}\right)^2 = \frac{ml^2}{12} + \frac{ml^2}{4} = \frac{ml^2}{3} \quad \text{である。}$$

運動方程式は，次式のとおりである。

$$\frac{1}{3}ml^2\ddot{\theta} + \frac{l}{2}mg\sin\theta = 0$$

$\theta \ll 1$ のとき，$\ddot{\theta} + \frac{3g}{2l}\theta = 0$ となり，f_n は，

$$f_n = \frac{1}{2\pi}\sqrt{\frac{3g}{2l}} = \frac{1}{2\pi}\sqrt{\frac{3 \times 9.8}{2 \times 0.15}} = 1.6 \text{ Hz}$$

$$T = \frac{1}{f_n} = 0.6 \text{ s} \quad \text{と求められる。}$$

3-1-5 回転系の運動方程式（ねじり振動系）

図3-7のように，長さ l の棒を固定し，下端には質量 M の円板を固定して，この円板を軸のまわりにねじってから放すと，棒の弾性によって，もとの状態に戻ろうとして，軸のまわりに角往復運動（往復ねじり運動）をする。このような振り子を**ねじり振り子**(torsion pendulum) という。

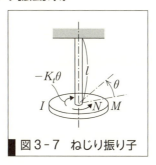

図3-7 ねじり振り子

円板に加えたトルクの反作用として棒から円板が受けるトルクを N [Nm]，円板の軸のまわりの慣性モーメントを I [kgm^2]，このとき生じる角加速度を $\ddot{\theta}$ [rad/s^2] とすると，運動方程式は次式のように表すことができる。

$$I\ddot{\theta} = N \qquad 3\text{-}26$$

トルク N は，ねじれ角 θ に比例し，向きは角の増す向きと反対である。単位角だけねじるのに必要なトルクを K_t [Nm/rad] とすると，次のようになる。この K_t を**ねじりばね定数**(torsional spring constant) という。

$$N = -K_t\theta \qquad 3\text{-}27$$

式3-26，式3-27より次式を得る。

$$I\ddot{\theta} = -K_t\theta \qquad 3\text{-}28$$

よって，

$$\ddot{\theta} = -\frac{K_t}{I}\theta \qquad 3\text{-}29$$

となる。式3-29は，単振動を表す $\ddot{x} = -\omega_n^2 x$ に対応する式であり，固有角振動数 ω_n [rad/s] は，次のとおりである。

$$\omega_n^2 = \frac{K_t}{I} \quad \therefore \quad \omega_n = \sqrt{\frac{K_t}{I}} \qquad 3\text{-}30$$

3 2　減衰1自由度振動系

　実際には，物体の振動は外から力を加えないと振幅がだんだん小さくなり，最終的には止まってしまう。空気抵抗や物体の内部摩擦などが原因である。この節では，振幅が小さくなる振動現象について述べる。

3-2-1　粘性減衰のある振動系

1. 運動方程式　前節では，減衰力を考慮することなく自由振動を扱った。ここでは，図3-8に示すように，粘性減衰係数 c の粘性抵抗力が質点の運動をさまたげるように作用する場合の自由振動について考えよう。粘性抵抗力は，質点の速度に比例し，減衰力 $-c\dot{x}$ と表される[*5]。

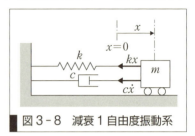

図3-8　減衰1自由度振動系

*5
工学ナビ
例として，オイルダンパがある。油の粘性を利用して，衝撃や振動をやわらげる装置で，自動車や航空機などに利用されている。

前節と同様に座標系をとると，運動方程式は，次式となる。

$$m\ddot{x} = -c\dot{x} - kx \qquad 3-31$$

右辺を左辺に移行すると，

$$m\ddot{x} + c\dot{x} + kx = 0 \qquad 3-32$$

となる。

　式3-32は線形微分方程式であるので，容易に解くことができる。この微分方程式の解を，D，λ を未知定数として，

$$x(t) = De^{\lambda t} \qquad 3-33$$

とおき，式3-32に代入すると，次式を得る。

$$D(m\lambda^2 + c\lambda + k)e^{\lambda t} = 0 \qquad 3-34$$

式3-34が任意の t ならびに D に対して成り立つ条件は，

$$m\lambda^2 + c\lambda + k = 0 \qquad 3-35$$

を満たすことである。式3-35は，式3-6と同様に特性方程式と呼ばれ，振動の特徴を表す式である。式3-35は，λ に関する2次方程式であるが，その根によって振動の様子が異なる。根は，

$$\lambda_{1,2} = \frac{-c \pm \sqrt{c^2 - 4mk}}{2m} \qquad 3-36$$

と求められる。したがって，運動方程式3-32の一般解は，D_1，D_2 を初期条件によって決まる定数として，

$$x(t) = D_1 e^{\lambda_1 t} + D_2 e^{\lambda_2 t} \qquad 3-37$$

と表せる。質点がどのような運動をするかは，式3-36中の $\sqrt{}$ の内部である $c^2 - 4mk$ の符号により，(1) $c^2 - 4mk > 0$，(2) $c^2 - 4mk = 0$，(3) $c^2 - 4mk < 0$ の3種類に分類される。(3)の $c^2 - 4mk$

< 0 であるとき，式 3-35 は共役複素根を解にもつ．このとき，式 3-37 に示す一般解は，sin 関数や cos 関数を含み振動的[*6]になる．

よって，$c^2 - 4mk = 0$ を満たす c が，振動するか，あるいは振動しないかの境界値となる．このときの c を c_c と書くと，次式のようになる．

$$c_c = 2\sqrt{mk} \qquad 3-38$$

ここで，c_c を**臨界減衰係数**(critical damping coefficient)という．また，次式で表される c と c_c との比 ζ を，**減衰比**(damping ratio)と呼ぶ．

$$\zeta = \frac{c}{c_c} = \frac{c}{2\sqrt{mk}} \qquad 3-39$$

ζ を用いると，式 3-32 に示す運動方程式は，

$$\ddot{x} + 2\zeta\omega_n \dot{x} + \omega_n^2 = 0 \qquad 3-40$$

となる．特性方程式は，次式のとおりである．

$$\lambda^2 + 2\zeta\omega_n \lambda + \omega_n^2 = 0 \qquad 3-41$$

λ に関する 2 次方程式 3-41 を解いて，根 λ は，次式で表される．

$$\lambda_{1,2} = -\zeta\omega_n \pm \sqrt{\zeta^2 - 1}\,\omega_n \qquad 3-42$$

2. 過減衰・臨界減衰・不足減衰の状態　式 3-42 より式 3-41 で示される特性方程式は，(1) $\zeta > 1$ のときは，異なる 2 実根：$\lambda_{1,2} = -\zeta\omega_n \pm \sqrt{\zeta^2 - 1}\,\omega_n$，(2) $\zeta = 1$ のときは，重根：$-\omega_n$，(3) $0 < \zeta < 1$ のときは，異なる 2 つの複素根：$\lambda_{1,2} = -\zeta\omega_n \pm j\sqrt{1 - \zeta^2}\,\omega_n$ をもつ．それぞれの場合について，一般解を求めてみる．

(1) $\zeta > 1$ のとき

運動方程式の一般解は，次式のように表される．

$$x(t) = D_1 \exp\{(-\zeta + \sqrt{\zeta^2 - 1})\omega_n t\} + D_2 \exp\{(-\zeta - \sqrt{\zeta^2 - 1})\omega_n t\} \qquad 3-43$$

$x(t)$ の時間的な変化[*7]を図 3-9 に示す．初期条件は図中に示すとおりである．図に示すように，t が大きくなると振動せずにつり合い位置 ($x = 0$) に近づく**無周期運動**(aperiodic motion)になる．この状態は，粘性抵抗による減衰力のほうがばねによる復元力より優勢であり振動は発生しないので，**過減衰**(over damping)と呼ばれる．

(2) $\zeta = 1$ のとき

運動方程式の一般解は，次式のとおりである．

$$x(t) = (D_1 + D_2 t)\exp(-\omega_n t) \qquad 3-44$$

$x(t)$ の時間的な変化を図 3-10 に示す．この場合にも，t が大きくなると振動せずにつり合い位置 ($x = 0$) に近づく．この状態は振動する状態としない状態の境界であるので，**臨界減衰**(critical damping)と呼ばれる．

[*6] **工学ナビ**
オイラーの公式を用いる．

[*7] **工学ナビ**
位相平面トラジェクトリ
振動の様子を表現する方法として，変位と速度を座標とする平面に物体の運動を描く，位相平面トラジェクトリ（軌道）がある．図 3-9～3-11 に対応する位相平面軌道を以下に示す．

過減衰（図 3-9）

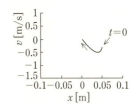

臨界減衰（図 3-10）

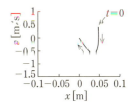

不足減衰（図 3-11）

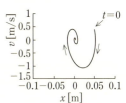

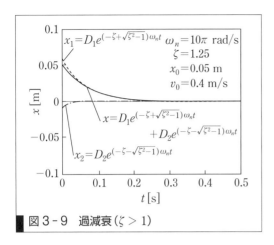

図3-9 過減衰($\zeta > 1$)

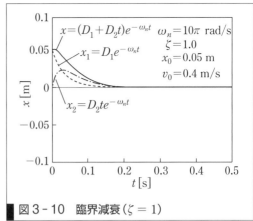

図3-10 臨界減衰($\zeta = 1$)

(3) $0 < \zeta < 1$ のとき

運動方程式の一般解は，次式で表される。

$$x(t) = e^{-\zeta\omega_n t}\left(D_1 \cos\sqrt{1-\zeta^2}\,\omega_n t + D_2 \sin\sqrt{1-\zeta^2}\,\omega_n t\right) \quad 3\text{-}45$$

$x(t)$ の時間的な変化を図3-11に示す。この図のように，t が大きくなると振動しながらつり合い位置に近づく。D_1 および D_2 は，初期条件によって決まる。初期条件として，$t=0$ で $x=x_0$，$\dot{x}=v_0$ を与えると，変位 $x(t)$ は，次式のように求められる[*8]。

$$x(t) = e^{-\zeta\omega_n t}\left(x_0 \cos\sqrt{1-\zeta^2}\,\omega_n t + \frac{v_0 + \zeta\omega_n x_0}{\omega_n\sqrt{1-\zeta^2}} \sin\sqrt{1-\zeta^2}\,\omega_n t\right)$$
$$3\text{-}46$$

また，式3-46は，三角関数の合成公式を用いると，次式のように変形できる。

$$x(t) = Xe^{-\zeta\omega_n t}\cos\left(\sqrt{1-\zeta^2}\,\omega_n t - \phi\right) \quad 3\text{-}47$$

このときの X と ϕ は，次のとおりである。

$$X = \sqrt{\frac{x_0^2 \omega_n^2 + v_0^2 + 2v_0\zeta\omega_n x_0}{(1-\zeta^2)\omega_n^2}} \quad 3\text{-}48$$

*8 初期条件を，$t=0$ で $x=x_0$，$\dot{x}=v_0$ とする。式3-45に $t=0$ を代入すると，$D_1 = x_0$ となる。また，式3-45を時間微分し，$t=0$ を代入すると，

$$D_2 = \frac{v_0 + \zeta\omega_n x_0}{\omega_n\sqrt{1-\zeta^2}}$$

と求められる。これらを，式3-45に代入すると，式3-46を求められる。

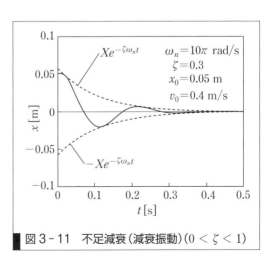

図3-11 不足減衰（減衰振動）($0 < \zeta < 1$)

$$\phi = \tan^{-1}\left(\frac{v_0 + \zeta\omega_n x_0}{x_0\sqrt{1-\zeta^2}\,\omega_n}\right) \quad 3\text{-}49$$

式 3-47 から，変位 $x(t)$ は，振動しながら 0 に近づくことになる*9。この状態は，ばねによる復元力のほうが粘性抵抗による減衰力より優勢であり振動を発生するので，**不足減衰**(under damping) と呼ばれる。この状態の振動の固有角振動数 ω_d は，

$$\omega_d = \sqrt{1-\zeta^2}\,\omega_n \quad 3\text{-}50$$

となり，減衰がない場合の固有角振動数 ω_n と比較して値が小さくなる。ω_d は**減衰固有角振動数**(damped natural angular frequency)と呼ばれる。また，周期は $T_d = 2\pi/\omega_d = 2\pi/(\sqrt{1-\zeta^2}\,\omega_n)$ と表され一定であり，この周期を**減衰固有周期**(damped natural period) という。

3. 自由振動波形からの減衰比 ζ の導出 図 3-12 に示す減衰振動波形（$0 < \zeta < 1$ の場合）について，1 周期ごとの減衰の度合いである減衰比 ζ を求めてみる。時刻 $t = t_1$ におけるピークの振幅を x_1 とし，1 周期後の $t = t_2$ におけるピークの振幅を x_2 とする。応答を表す式 3-47 を用いて，x_1 と x_2 の比をとると，次式のようになる。

$$\frac{x_1}{x_2} = \frac{Xe^{-\zeta\omega_n t_1}\cos(\sqrt{1-\zeta^2}\,\omega_n t_1 - \phi)}{Xe^{-\zeta\omega_n t_2}\cos(\sqrt{1-\zeta^2}\,\omega_n t_2 - \phi)} = \frac{Xe^{-\zeta\omega_n t_1}\cos(\omega_d t_1 - \phi)}{Xe^{-\zeta\omega_n t_2}\cos(\omega_d t_2 - \phi)} \quad 3\text{-}51$$

ここで，$\cos(\omega_d t_1 - \phi)$ と $\cos(\omega_d t_2 - \phi)$ は，同じ値である。$t_2 - t_1$ は振動の 1 周期であり減衰固有周期 T_d に相当するので，

$$t_2 - t_1 = \frac{2\pi}{\omega_d} = \frac{2\pi}{\sqrt{1-\zeta^2}\,\omega_n} \quad 3\text{-}52$$

である。これらの関係を用いると，式 3-51 は，次のようになる。

$$\frac{x_1}{x_2} = e^{\zeta\omega_n(t_2-t_1)} = e^{\frac{2\pi\zeta}{\sqrt{1-\zeta^2}}} \quad 3\text{-}53$$

両辺の自然対数をとると，次式となる*10。

$$\delta = \log_e \frac{x_1}{x_2} = \frac{2\pi\zeta}{\sqrt{1-\zeta^2}} \quad 3\text{-}54$$

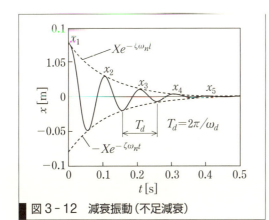

図 3-12 減衰振動(不足減衰)

*9
式 3-47 は，2 つの式
 $X_1 = e^{-\zeta\omega_n t}$ と
 $X_2 = \cos(\sqrt{1-\zeta^2}\,\omega_n t - \phi)$
の積から構成されている。X_1 は t が大きくなると 0 に近づく関数で，X_2 は一定の周期 $2\pi/(\sqrt{1-\zeta^2}\,\omega_n)$ で振動する関数である。よって，両者の積である x は，振動しながら 0 に近づくことになる。

*10
工学ナビ
図 3-12 に着目すると，対数減衰率は，1 周期だけの比ではなく，n 周期分からの比から求めることができる。

$$\delta = \frac{1}{n}\log_e \frac{x_1}{x_{n+1}}$$

この方法は，1 周期当たりの振幅の減衰割合が低い場合に，減衰比を求めるのに有効である。

δ を**対数減衰率**(logarithmic decrement)と呼ぶ。

このように,自由振動の波形から,まず対数減衰率を求め,式3-54を変形した次式を用いて,減衰比ζを求めることができる[*11]。

$$\zeta = \frac{\delta}{\sqrt{4\pi^2+\delta^2}} \qquad 3\text{-}55$$

*11
➕α プラスアルファ
ζの値が1と比較して十分に小さい場合には,$\sqrt{1-\zeta^2}$は1として扱ってよい。よって式3-54よりδは,$\delta=2\pi\zeta$と近似でき,減衰比ζは,$\zeta=\delta/(2\pi)$で求められる。

例題 3-3 図3-8において,$m=15$ kg,$k=20$ kN/m,$c=150$ Ns/m であるとき,自由振動の減衰比および対数減衰率を求めよ。

解答 まず減衰比は,式3-39より,

$$\zeta = \frac{c}{c_c} = \frac{c}{2\sqrt{mk}} = \frac{150}{2\sqrt{15\times 20000}} = 0.137$$

となるので,式3-54にこの値を代入して,対数減衰率は,

$$\delta = \frac{2\pi\zeta}{\sqrt{1-\zeta^2}} = \frac{2\pi\times 0.137}{\sqrt{1-0.137^2}} = 0.869$$

となる。

3-2-2 クーロン摩擦のある振動系

図3-13に示す**クーロン摩擦**(Coulomb friction)(**固体摩擦**(Solid friction),**乾性摩擦**(dry friction))をともなうばね質点系について考える。クーロン摩擦の大きさF_cは,質量mの変位や速度に依存せず,摩擦部の運動方向に対して垂直な力(垂直抗力)の大きさに比例する。

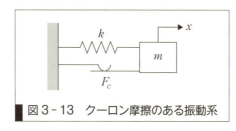

図3-13 クーロン摩擦のある振動系

摩擦力f_cは運動の向きと逆方向に作用するため,$\dot{x}>0$のときはxの負方向に,$\dot{x}<0$のときは正方向に作用する。これを,符号関数[*12] sign( )を用いて表すと,

$$f_c = -\text{sign}(\dot{x})F_c \qquad 3\text{-}56$$

*12
符号関数は,引数の正負を調べ,数値が正の数のときは1,0のときは0,そして負の数のときは-1となる。sign( )やsgn( )と表される。

となる。これより,系の運動方程式は以下のようになる。

$$m\ddot{x} = -kx - \text{sign}(\dot{x})F_c \qquad 3\text{-}57 \text{[*13]}$$

ここで,両辺をmで割って整理すると,

$$\ddot{x} + \omega_n^2\{x + \text{sign}(\dot{x})d\} = 0 \qquad 3\text{-}58$$

*13
🔧工学ナビ
運動方程式は,速度$\dot{x}$の符号が変わるごとに,
$m\ddot{x}=-kx-F_c \ (\dot{x}>0)$
から
$m\ddot{x}=-kx+F_c \ (\dot{x}<0)$
へというように移らなければならない。

となる。ただし,$\omega_n^2 = k/m$,$d=F_c/k$であり,dは摩擦力F_cによるばねの変位である。式3-58の解は,1つの関数で表すことができない。しかし,時間的に解を接続することで,系の挙動を求めることがで

*14
🌐WebにLink

きる[*14]。

初期条件として $t=0$ において，$x=x_0(>0)$，$\dot{x}=v_0=0$ とした場合の質点の応答を，図 3-14 に示す。応答である変位 x は，半周期 π/ω_n の間に $2d$ ずつ振幅が減少していくことが知られている。振幅の包絡線は等差数列

$$x_{n+1}=x_n-4d \quad (n=0,1,2,\cdots) \qquad 3\text{-}59$$

で表すことができ，直線的に減少する。このように振幅は x の符号の切り替わりとともに順次減衰していくが，$\dot{x}=0$ で

$$|x|<d \qquad 3\text{-}60$$

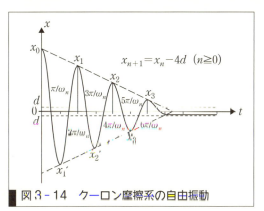

図 3-14 クーロン摩擦系の自由振動

となると，摩擦力 $F_c=|kd|>|kx|=$ ばね力 となり，ばねの復元力は摩擦力に打ち勝つことができない。このため，運動はその位置で停止することになる。ばねの平衡位置 ($x=0$) では停止せず，式 3-60 を満たす領域で，初期条件に依存して異なる位置に停止することになる。よって，粘性減衰の場合とは異なり，時間が経過しても $x=0$ とはならないことに注意が必要である。

例題 3-4 図 3-13 に示すクーロン摩擦が作用する振動系において，質量を m，ばね定数を $k=10\,\text{kN/m}$ とする。この質量に初期変位 $x_0=13\,\text{mm}$ を与えて静かに手を放す。このとき，質量 m が停止するまで何周期の往復をするか求めよ。ただし，クーロン摩擦力の大きさは，$F_c=8\,\text{N}$ とする。

解答 $d=F_c/k=8/10000=0.8\times 10^{-3}\,\text{m}=0.8\,\text{mm}$ である。よって，半周期の間に $2d=1.6\,\text{mm}$ だけ振幅が減衰する。初期変位から次第に振幅が減衰し，ばね力が F_c 未満になると質量は停止する。半周期の n 倍の時間で質量が停止すると仮定すると，以下の関係式が成り立つ。

$$-0.8<13-1.6n<0.8 \quad \text{よって} \quad 7.625<n<8.625$$

したがって，$n=8$ となり，4 周期と求まる。

演習問題 A 基本の確認をしましょう

3-A1 図 3-1 に示すばね－質量系において，$m=2\,\text{kg}$，$k=100\,\text{N/m}$ であるとき，振動系の固有角振動数 $\omega_n\,[\text{rad/s}]$ と周期 $T_n\,[\text{s}]$ を求めよ。

3-A2 長さが 200 mm の単振り子の固有振動数 $f_n\,[\text{Hz}]$ を求めよ。

3-A3 図 3-7 に示すねじり振動系において，$I = 5.5 \times 10^{-2}$ kgm², $K_t = 2.2 \times 10^4$ Nm/rad であるとき，振動系の固有振動数 f_n [Hz] と周期 T_n [s] を求めよ．

3-A4 図 3-8 に示すばね–質量–ダンパ系において，$m = 1$ kg, $k = 10000$ N/m, $c = 10$ Ns/m であるとき，振動系の減衰固有振動数 f_d [Hz] と減衰比 ζ を求めよ．

演習問題 B　もっと使えるようになりましょう

3-B1 図 3-8 に示すばね–質量–ダンパ系において，$m = 5$ kg, $k = 200$ N/m, $c = 10$ Ns/m であるとき，初期条件 $x(0) = 0.1$ m, $v(0) = 0.01$ m/s として，自由振動の解を求めよ．

3-B2 図 3-8 に示すばね–質量–ダンパ系において，$m = 1$ kg, $k = 10$ kN/m, $c = 100$ Ns/m であるとき，振動系の減衰比 ζ と対数減衰率 δ を求めよ．

3-B3 図アに示すように液体の中に慣性モーメント I [kgm²] の円板が浸され，円板と壁が弾性軸で結合されたねじり振動系がある．初期回転変位 θ_0 [rad] を与えて，静かに放す (角速度 $\omega_0 = 0$ rad/s)．自由振動の運動方程式，固有角振動数，減衰比，応答を求めよ．ただし，ねじりばねのねじり剛性 K_t [Nm/rad] は，横弾性係数を G [N/m²] として，$K_t = \pi G d^4/(32l)$ と表される．また，ねじり減衰係数を c_t [Nms/rad] とする．さらに，ねじりばねの慣性モーメントは円板のそれと比較して無視できるものとする．

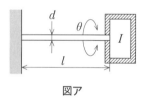

図ア

あなたがここで学んだこと

この章であなたが到達したのは
- □ 非減衰 1 自由度振動系の自由振動について説明できる
- □ 減衰 1 自由度振動系の自由振動について説明できる
- □ クーロン摩擦のある振動系の自由振動について説明できる

本章では 1 自由度振動系の自由振動について，減衰力の有無ならびに減衰力の性質の違いに着目して学習してきた．1 自由度系へのモデル化は，自動車や製造機械，さらには高層ビルなど，一見複雑そうに見える振動系の挙動解析や現象の理解に有効であり，基本となるものであるから，しっかりと理解してほしい．

4章

1自由度系の強制振動 I

　私たちの身のまわりに存在する振動現象の多くは，機械や構造物が受ける外力や接地面の変位によって生じる。このような振動を**強制振動**（forced vibration）という。たとえば，ゲームのコントローラによるバイブレーション機能は，力による強制振動を有効に利用した身近な例の一つである。ゲームのコントローラ内部には，図Aに示すような振動モータと呼ばれる偏心した錘のついたモータが内蔵されており，その回転によって発生する周期的な力によってコントローラを持つ手を振動させることで，臨場感を演出している。携帯電話やスマートフォンのバイブレーション機能も同じ原理が使われており，大きな音でまわりの人に迷惑をかけずに着信を知ることができる。ほかにも，自動車に乗って荒れた路面を走ると運転者は不快な振動を感じる。発生する振動が大きい場合などは，荷台の積荷が振動によって破損することもある。このような振動も地面の凸凹による変位が引き起こす強制振動である（図B）。自動車にかぎらず，電車や自転車など他の乗り物でも同様の原因で振動する。

図A　振動モータ

図B　変位による強制振動の例

●この章で学ぶことの概要

　本章では，機械や構造物を1自由度でモデル化した振動系に周期的な外力が加えられたときに発生する強制振動について学ぶ。モデルから導かれた運動方程式を解き，時間応答がどのような式で表されるか確かめよう。これにより，外力が加わったときに機械がどのように振動するか具体的に知ることができる。

> **予習　授業の前にやっておこう!!**
>
> 1. 1自由度振動系の固有角振動数，減衰固有角振動数と減衰比を示せ。
>
> 2. 自由振動系の解を求めよ。
>   (1) $m\ddot{x} + kx = 0$
>   (2) $m\ddot{x} + c\dot{x} + kx = 0$

4・1　非減衰系の強制振動

　現実の世界では，減衰のない機械や構造物は存在しないが，強制振動の基本を学ぶために，減衰のない単純な1自由度振動系から考えていく。

　図4-1に示すのが，質量とばねのみから成る1自由度の非減衰振動系の力学モデルである。振幅 F [N]，角振動数 ω [rad/s] の**調和外力** (harmonic external force) $f(t) = F\sin\omega t$ が質量に作用する点が，自由振動と異なる。

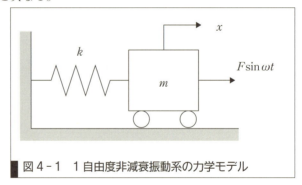

図4-1　1自由度非減衰振動系の力学モデル

　図4-1の力学モデルより，運動方程式は

$$m\ddot{x} = -kx + F\sin\omega t \qquad 4-1$$

となる。右辺第1項を左辺に移項し，両辺を質量 m で割ることで次式が得られる。

$$\ddot{x} + \omega_n^2 x = \frac{F}{m}\sin\omega t \qquad 4-2$$

　式4-2は二階線形非同次微分方程式と呼ばれる微分方程式であり，この式の一般解 x は，右辺を0とした同次方程式の一般解を x_h，非同次方程式の特解（特殊解）を x_p とすると次式のように，2つの解の和で表される。

$$x = x_h + x_p \qquad 4-3$$

この場合の同次方程式は，非減衰自由振動の運動方程式にあたり，すでに第3章で学んだとおり，一般解は次式で表される。

$$x_h = A\cos\omega_n t + B\sin\omega_n t \qquad 4-4$$

あとは，特解を求めればよいことになる。特解の求め方は何通りかあるが，右辺の形が調和外力のように周期的な関数で表される場合は解の形が予想できるので，未定係数法[*1]がよく用いられる。調和外力は正弦波なので，特解を次のように仮定する。

$$x_p = C_1\cos\omega t + C_2\sin\omega t \qquad 4-5$$

仮定した特解の式を式4-2のxに代入すると

$$C_1(\omega_n^2 - \omega^2)\cos\omega t + C_2(\omega_n^2 - \omega^2)\sin\omega t = \frac{F}{m}\sin\omega t \qquad 4-6$$

が得られる。仮定した特解が真の解となるためには，式4-6において両辺の$\cos\omega t$と$\sin\omega t$の係数が等しくならなければならないので，両辺の係数比較により

$$C_1 = 0 \qquad 4-7$$

$$C_2 = \frac{F}{m(\omega_n^2 - \omega^2)} \qquad 4-8$$

が得られる。したがって，求める特解x_pは

$$x_p = \frac{F}{m(\omega_n^2 - \omega^2)}\sin\omega t \qquad 4-9$$

となる。振幅の分母分子をω_n^2で割り，静たわみ[*2] $X_{st} = F/k$を使って式4-9を書き換えると

$$x_p = \frac{X_{st}}{1 - \left(\frac{\omega}{\omega_n}\right)^2}\sin\omega t \qquad 4-10$$

が得られる。したがって，非減衰系の強制振動である式4-2の一般解xは

$$x = A\cos\omega_n t + B\sin\omega_n t + \frac{X_{st}}{1 - \left(\frac{\omega}{\omega_n}\right)^2}\sin\omega t \qquad 4-11$$

となる。式4-11において，AとBは$t=0$のときの初期値$x(0)$と$\dot{x}(0)$によって決まる定数である。また，右辺の第1，2項は固有角振動数ω_nで振動する自由振動を表し，第3項は外力と同じ角振動数ωで振動する強制振動を表す。

[*1]
未定係数法
非同次方程式の右辺の形から特解の形を仮定し，非同次方程式に代入して，左辺と右辺の係数比較により仮定した特解の未定係数を求める方法である。

[*2]
静たわみ
ばねに静的な力を加えたときの変位である。

例題 4-1 図4-1で表される非減衰系の強制振動において，質量に作用する調和外力が$f(t) = F\cos\omega t$の場合の特解を求めよ。

解答 調和外力を $f(t) = F\cos\omega t$ とした場合，運動方程式は

$$m\ddot{x} + kx = F\cos\omega t$$

となる．特解 x_p を以下のように仮定する（式4-5と同じ）．

$$x_p = C_1\cos\omega t + C_2\sin\omega t$$

仮定した解を運動方程式に代入すると

$$C_1(\omega_n^2 - \omega^2)\cos\omega t + C_2(\omega_n^2 - \omega^2)\sin\omega t = \frac{F}{m}\cos\omega t$$

となる．両辺の $\cos\omega t$ と $\sin\omega t$ の係数比較により

$$C_1 = \frac{F}{m(\omega_n^2 - \omega^2)}$$

$$C_2 = 0$$

が得られる．したがって，求める特解 x_p は

$$x_p = \frac{F}{m(\omega_n^2 - \omega^2)}\cos\omega t$$

となり，振幅部分は調和外力 $f(t) = F\sin\omega t$ の場合と同じになる．

例題 4-2 図4-1で表される非減衰系の強制振動の特解を求めよ．ただし，$t = 0$ のときの初期値を $x(0) = x_0$，$\dot{x}(0) = v_0$ とする．

解答 強制振動の一般解は，式4-11で与えられているので，この式を用いて，与えられた初期条件を満たす特解を求める．

式4-11に $t = 0$ と $x(0) = x_0$ を代入すると

$$A = x_0$$

が得られ，式4-11を微分すると

$$\dot{x} = -A\omega_n\sin\omega_n t + B\omega_n\cos\omega_n t + \frac{\omega X_{st}}{1 - \left(\dfrac{\omega}{\omega_n}\right)^2}\cos\omega t$$

が得られる．この式に $t = 0$ と $\dot{x}(0) = v_0$ を代入すると

$$B = \frac{v_0}{\omega_n} - \frac{\dfrac{\omega}{\omega_n}X_{st}}{1 - \left(\dfrac{\omega}{\omega_n}\right)^2}$$

となる．求めた A と B を式4-11に代入すると，特解 x_p は次式のように求められる[*3]．

$$x_p = x_0\cos\omega_n t + \left\{\frac{v_0}{\omega_n} - \frac{\dfrac{\omega}{\omega_n}X_{st}}{1 - \left(\dfrac{\omega}{\omega_n}\right)^2}\right\}\sin\omega_n t + \frac{X_{st}}{1 - \left(\dfrac{\omega}{\omega_n}\right)^2}\sin\omega t$$

*3 この式で $\omega = \omega_n$ とすれば，発散する解が得られる．

非減衰系の強制振動項

次に,式4-11の外力と同じ周期で振動する強制振動の項だけの場合について考えると,次式のようになる。

$$x = \frac{X_{st}}{1 - \left(\frac{\omega}{\omega_n}\right)^2} \sin \omega t \qquad 4-12$$

振幅の分母に着目すると,外力の角振動数 ω が固有角振動数 ω_n に近づくにつれて振幅は大きくなることがわかる。最終的に $\omega = \omega_n$ のときに,振幅は無限大になる。このような現象を**共振**(resonance)という。また,振幅の符号は外力の角振動数 ω の大きさによって変化する。$\omega < \omega_n$ のとき振幅は正となり,図4-2(a)に示すように,外力が加わった方向に変位が発生する。反対に,$\omega > \omega_n$ のとき振幅は負になり,図4-2(b)に示すように,外力が加わる方向とは反対側に変位が発生し,変位は外力に対して位相が180°遅れた状態となる。

さらに,共振状態($\omega = \omega_n$)についてもう少し詳しく考えてみる。式4-6に戻って $\omega = \omega_n$ を代入すると左辺は0となるため,この式は共振状態の特解の振幅を求めるという点では意味をなさない。このことは,式4-5の仮定では,共振状態の特解を求めることができないことを意味している。そこで,$\omega = \omega_n$ のときの特解 x_p を次のように仮定する。

$$x_p = t(C_1 \cos \omega_n t + C_2 \sin \omega_n t) \qquad 4-13$$

仮定した特解の式を式4-2の x に代入し,得られた式の $\cos \omega_n t$ と $\sin \omega_n t$ の係数比較をすると

$$C_1 = -\frac{\omega_n X_{st}}{2} \qquad 4-14$$

$$C_2 = 0 \qquad 4-15$$

が得られる。したがって特解 x_p は次式のようになる。

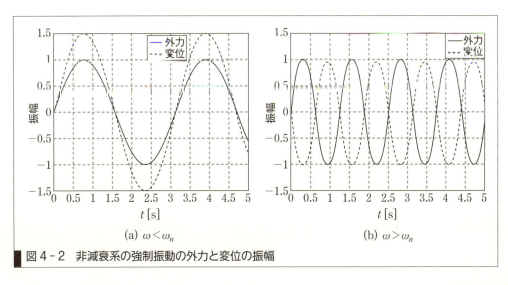

図4-2 非減衰系の強制振動の外力と変位の振幅

$$x_p = -\frac{\omega_n X_{st}}{2} t \cos \omega_n t \qquad 4-16$$

振幅部分を見ると時間 t が掛かっているので，共振状態においては，加えられる外力が一定の振幅であっても変位の振幅は時間とともに大きくなることがわかる．図4-3に共振のときの振動波形を示す．

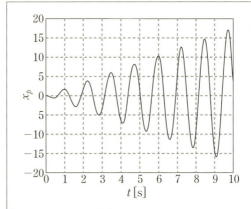

図4-3 共振状態における非減衰系の強制振動（$\omega = \omega_n$）の振動波形

4 2 粘性減衰系の強制振動

現実の世界では，すべての機械や構造物には何らかの減衰が存在する．減衰の種類については第3章で学んでいるが，ここでは粘性減衰をもった1自由度振動系の強制振動について考える．図4-4に粘性減衰をもつ1自由度振動系の力学モデルを示す．調和外力 $f(t) = F\sin\omega t$ が質量に作用する点が自由振動と異なる．

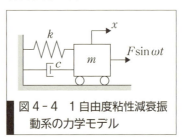

図4-4 1自由度粘性減衰振動系の力学モデル

図4-4の力学モデルより，運動方程式は

$$m\ddot{x} = -c\dot{x} - kx + F\sin\omega t \qquad 4-17$$

となる．右辺第1項，第2項を左辺に移項し，両辺を質量 m で割ることで次式が得られる．

$$\ddot{x} + 2\zeta\omega_n \dot{x} + \omega_n^2 x = \frac{F}{m}\sin\omega t \qquad 4-18$$

式4-18の一般解は，非減衰振動系のときと同様に，右辺を0とした同次方程式の一般解 x_h と非同次方程式の特解 x_p の和となる．x_h は第3章で求めたので，x_p について考える．

式 4-18 の特解に関しても非減衰振動系と同じ方法で求めることができる。特解 x_p を

$$x_p = C_1 \cos\omega t + C_2 \sin\omega t \qquad 4\text{-}19$$

と仮定して，式 4-18 に代入すると

$$\{C_1(\omega_n^2 - \omega^2) + 2\zeta\omega_n\omega C_2\}\cos\omega t + \{C_2(\omega_n^2 - \omega^2) - 2\zeta\omega_n\omega C_1\}\sin\omega t$$

$$= \frac{F}{m}\sin\omega t \qquad 4\text{-}20$$

が得られる。両辺の $\cos\omega t$ と $\sin\omega t$ の係数比較により

$$C_1(\omega_n^2 - \omega^2) + 2\zeta\omega_n\omega C_2 = 0 \qquad 4\text{-}21$$

$$C_2(\omega_n^2 - \omega^2) - 2\zeta\omega_n\omega C_1 = \frac{F}{m} \qquad 4\text{-}22$$

が得られる。この 2 つの式から係数 C_1 と C_2 を求めると

$$C_1 = -\frac{2\zeta\omega_n\omega F}{m\{(\omega_n^2 - \omega^2)^2 + (2\zeta\omega_n\omega)^2\}} \qquad 4\text{-}23$$

$$C_2 = \frac{(\omega_n^2 - \omega^2)F}{m\{(\omega_n^2 - \omega^2)^2 + (2\zeta\omega_n\omega)^2\}} \qquad 4\text{-}24$$

となる。得られた係数 C_1 と C_2 を式 4-19 に代入すると

$$x_p = \frac{F}{m\{(\omega_n^2 - \omega^2)^2 + (2\zeta\omega_n\omega)^2\}}\{-2\zeta\omega_n\omega\cos\omega t$$

$$+ (\omega_n^2 - \omega^2)\sin\omega t\} \qquad 4\text{-}25$$

となる。さらに整理すると特解 x_p は，

$$x_p = X\sin(\omega t - \phi) \qquad 4\text{-}26$$

となる。振幅 X と位相 ϕ は以下のとおりである。

$$X = \frac{X_{st}}{\sqrt{\left\{1 - \left(\frac{\omega}{\omega_n}\right)^2\right\}^2 + \left(2\zeta\frac{\omega}{\omega_n}\right)^2}} \qquad 4\text{-}27$$

$$\phi = \tan^{-1}\frac{2\zeta\dfrac{\omega}{\omega_n}}{1 - \left(\dfrac{\omega}{\omega_n}\right)^2} \qquad 4\text{-}28$$

ここで，位相差 ϕ は外力に対する位相の差を表し，位相が遅れた状態を正の値で表している。

4-2-1 過渡振動と定常振動

減衰振動系に外力が加わると，振動し始めは**過渡振動**[*4] (transient vibration) となり，一定時間後に**定常振動** (steady-state vibration) となる。この現象を，先ほど扱った粘性減衰系に調和外力が加わった場合を例に考えてみる。強制振動の一般解は，自由振動系の一般解と強制振動系の特解の和で与えられる。自由振動でも振動的な応答を示す

*4
過渡振動
定常状態にあるシステムに対して，外的な作用が変化した場合に発生する。

$0 < \zeta < 1$ の場合を考えると，一般解 x は

$$x = e^{-\zeta\omega_n t}(A\cos\omega_d t + B\sin\omega_d t) + X\sin(\omega t - \phi) \quad \text{4-29}$$

となる。ここで，$\omega_d = \omega_n\sqrt{1-\zeta^2}$ である。また，A と B は変位と速度の初期値によって決まる定数である。ここでは，$t = 0$ で $x(0) = x_0$，$\dot{x}(0) = v_0$ とした場合について考える。式 4-29 に $t = 0$，$x(0) = x_0$ を代入して整理すると

$$A = x_0 + X\sin\phi \quad \text{4-30}$$

が得られる。また，式 4-29 を微分すると

$$\dot{x} = -\zeta\omega_n e^{-\zeta\omega_n t}(A\cos\omega_d t + B\sin\omega_d t)$$
$$+ e^{-\zeta\omega_n t}(-A\omega_d\sin\omega_d t + B\omega_d\cos\omega_d t) + X\omega\cos(\omega t - \phi)$$
$$\text{4-31}$$

となるので，$t = 0$，$\dot{x}(0) = v_0$ を代入して整理すると

$$B = \frac{1}{\omega_d}\{v_0 + \zeta\omega_n(x_0 + X\sin\phi) - X\omega\cos\phi\} \quad \text{4-32}$$

が得られる。式 4-30 と式 4-32 を式 4-29 に代入すると，x は

$$x = e^{-\zeta\omega_n t}\Big[(x_0 + X\sin\phi)\cos\omega_d t + \frac{1}{\omega_d}\{\zeta\omega_n x_0 + v_0$$
$$+ X(\zeta\omega_n\sin\phi - \omega\cos\phi)\}\sin\omega_d t\Big] + X\sin(\omega t - \phi) \quad \text{4-33}$$

となる。この式の右辺で，減衰要素 $e^{-\zeta\omega_n t}$ の掛かっている項は角振動数 ω_d で振動しながら時間の経過によって 0 となる。右辺最後の項は強制振動の特解にあたり，調和外力と同じ角振動数 ω で一定の振幅を保って振動し続ける。減衰要素の掛かっている項の振幅がほとんど 0 にな

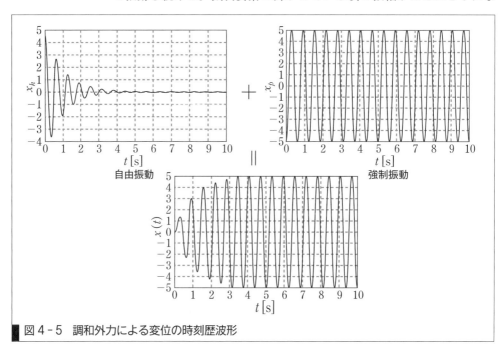

図 4-5　調和外力による変位の時刻歴波形

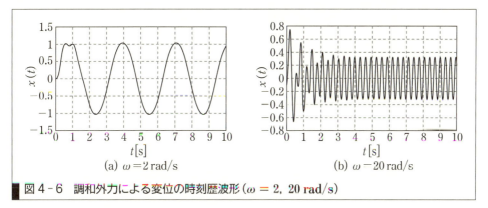

図 4-6 調和外力による変位の時刻歴波形 ($\omega = 2, 20\,\text{rad/s}$)

るまでの振動を過渡振動といい，その後の振幅が一定になった状態を定常振動という。

静止状態から調和外力が加えられたときに生じる過渡振動について考えてみる。式 4-33 に $x_0 = 0$, $v_0 = 0$ を代入すると

$$x = e^{-\zeta\omega_n t}\left\{X\sin\phi\cos\omega_d t + \frac{X}{\omega_d}(\zeta\omega_n\sin\phi - \omega\cos\phi)\sin\omega_d t\right\}$$
$$+ X\sin(\omega t - \phi) \qquad 4\text{-}34$$

が得られる。この式を使って，$\omega_n = 10\,\text{rad/s}$, $k = 1\,\text{N/m}$, $\zeta = 0.1$ [*5] の振動系に振幅 $F = 1\,\text{N}$ で角振動数が固有角振動数と同じ $\omega = 10\,\text{rad/s}$ の調和外力が加えられたときの変位応答をグラフ化したものを図 4-5 に示す。自由振動は減衰要素 $e^{-\zeta\omega_n t}$ の影響で，時間が経過するに従って小さくなり 0 に収束するが，強制振動は一定の振幅で振動し続ける。この 2 つの振動を足し合わせた波形が実際の振動波形となるので，時間が経過するに従って，自由振動の影響が小さくなっていき，最終的には，強制振動だけが残る定常振動状態となる。減衰要素 $e^{-\zeta\omega_n t}$ は振動系のパラメータのみに依存するため，調和外力の大きさや角振動数に影響されない。これは，同じ振動系では自由振動が影響をおよぼす時間は変わらないことを意味する。ただし，自由振動の振幅は調和外力の角振動数 ω を含んだ式で表されるため，過渡振動の形は ω の値に応じて大きく異なる。角振動数 $\omega = 2, 20\,\text{rad/s}$ の調和外力が加わったときの波形を図 4-6 に示す。

[*5] +α プラスアルファ
実際に振動が問題になるような構造物や機械の減衰比は 0.05 以下のものが多い。

例題 4-3 図 4-4 で表される粘性減衰系に振幅 $F = 5\,\text{N}$，振動数 $f = 3\,\text{Hz}$ の調和外力が加わり，定常振動状態となったあとの変位振幅と位相を求めよ。ただし，$m = 3\,\text{kg}$, $c = 12\,\text{Ns/m}$, $k = 1200\,\text{N/m}$ とする。

解答 定常振動は自由振動がなくなり強制振動だけが残った状態なので，振幅は式 4-27，位相は式 4-28 によって求めることができる。計算に必要なパラメータの算出を先に行う。

この振動系固有角振動数 ω_n と減衰比 ζ は，次のように求められる。

$$\omega_n = \sqrt{\frac{k}{m}} = \sqrt{\frac{1200}{3}} = 20 \text{ rad/s}$$

$$\zeta = \frac{c}{2\sqrt{mk}} = \frac{12}{2\sqrt{3 \times 1200}} = 0.1$$

外力の周波数を角振動数に変換すると，次のようになる。

$$\omega = 2\pi f = 2\pi \times 3 = 6\pi \text{ rad/s}$$

求めたパラメータと $X_{st} = F/k$ より，変位振幅 X と位相 ϕ は

$$X = \frac{X_{st}}{\sqrt{\left\{1-\left(\frac{\omega}{\omega_n}\right)^2\right\}^2 + \left(2\zeta\frac{\omega}{\omega_n}\right)^2}} = \frac{\frac{5}{1200}}{\sqrt{\left\{1-\left(\frac{6\pi}{20}\right)^2\right\}^2 + \left(2 \times 0.1 \times \frac{6\pi}{20}\right)^2}}$$

$$= 1.90 \times 10^{-2} \text{ m}$$

$$\phi = \tan^{-1} \frac{2\zeta\frac{\omega}{\omega_n}}{1-\left(\frac{\omega}{\omega_n}\right)^2} = \tan^{-1} \frac{2 \times 0.1 \times \frac{6\pi}{20}}{1-\left(\frac{6\pi}{20}\right)^2} = 59.3 \text{ deg}$$

となる。

4-2-2 複数の調和外力が同時に入力された場合の強制振動

図4-7に示すように，異なる角振動数をもった2つの調和外力が同時に作用した場合について考える。

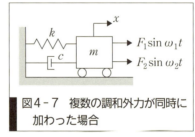

図4-7 複数の調和外力が同時に加わった場合

この場合の運動方程式は，式4-17を参考にすると

$$m\ddot{x} = -c\dot{x} - kx + F_1 \sin\omega_1 t + F_2 \sin\omega_2 t \qquad 4-35$$

として求められる。ここで，$F_2 = 0$ として $F_1 \sin\omega_1 t$ のみが作用した場合の変位を x_1 とし，$F_1 = 0$ として $F_2 \sin\omega_2 t$ のみが作用した場合の変位を x_2 とすると

$$m\ddot{x}_1 + c\dot{x}_1 + kx_1 = F_1 \sin\omega_1 t \qquad 4-36$$

$$m\ddot{x}_2 + c\dot{x}_2 + kx_2 = F_2 \sin\omega_2 t \qquad 4-37$$

が成り立つ。また，線形微分方程式で表されるような線形システムでは，入力（調和外力）と出力（変位）の間に**重ね合わせの原理**[*6] (principle of superposition) が成り立つため，式4-36と式4-37の辺ごとに足し合わせた次式も成り立つ。

[*6]
重ね合わせの原理
$y = f(x)$
入力 x_1, x_2 に対する出力を y_1, y_2 とした場合，以下の関係が成立する。
$y_1 = f(x_1)$, $y_2 = f(x_2)$
$y_1 + y_2 = f(x_1 + x_2)$

$$m(\ddot{x}_1+\ddot{x}_2)+c(\dot{x}_1+\dot{x}_2)+k(x_1+x_2)=F_1\sin\omega_1 t+F_2\sin\omega_2 t \qquad 4-38$$

式 4-35 と式 4-38 を比べると

$$x = x_1 + x_2 \qquad 4-39$$

となることがわかる．したがって，異なる角振動数をもった調和外力が同時に作用した場合の変位は，個別に作用したときの変位を単純に足し合わせることで求めることができる．このことは，同時に作用する調和外力が増えた場合も成り立つ．

演習問題 A　基本の確認をしましょう

4-A1　図 4-4 に示す 1 自由度粘性減衰振動系において，質量 $m=0.5\,\mathrm{kg}$，粘性減衰係数 $c=2\,\mathrm{Ns/m}$，ばね定数 $k=800\,\mathrm{N/m}$ であった．質量に振幅 $F=50\,\mathrm{N}$，角振動数 $\omega=20\,\mathrm{rad/s}$ の調和外力が作用し始めてから十分時間が経過したあとの質量の変位振幅 X と位相角 ϕ を求めよ．

4-A2　図 4-4 に示す 1 自由度粘性減衰振動系に周期 $T=0.2\,\mathrm{s}$ の調和外力を加えたところ，定常状態の変位振幅 $X=5\,\mathrm{cm}$ であった．このときの速度振幅 X_v と加速度振幅 X_a を求めよ．

4-A3　図 4-1 に示す 1 自由度非減衰振動系において，質量 $m=0.5\,\mathrm{kg}$，ばね定数 $k=200\,\mathrm{N/m}$ であった．ばねが自然長の位置で静止している質量に振幅 $F=10\,\mathrm{N}$，角振動数 $\omega=60\,\mathrm{rad/s}$ の調和外力が作用したときの質量の変位応答 $x(t)$ を求めよ．

4-A4　図 4-4 に示す 1 自由度粘性減衰振動系において，質量 $m=2\,\mathrm{kg}$，粘性減衰係数 $c=8\,\mathrm{Ns/m}$，ばね定数 $k=800\,\mathrm{N/m}$ であった．ばねが自然長の位置で静止している質量に振幅 $F=160\,\mathrm{N}$，角振動数 $\omega=20\,\mathrm{rad/s}$ が作用したときの変位応答を求めよ．

演習問題　B　もっと使えるようになりましょう

4-B1 図4-4に示す1自由度粘性減衰振動系の強制振動において，質量に作用する調和外力が $f(t) = F\cos\omega t$ の場合の特解を求めよ。

4-B2 図4-4に示す1自由度粘性減衰振動系に，図アのような調和外力 $f(t)$ を作用させて十分時間が経過したあとに変位を測定したところ，図イのような変位波形 $x(t)$ が得られた。振動系の減衰比 ζ，質量 m，ばね定数 k を求めよ。ただし，振動系の固有振動数は $f_n = 5\,\text{Hz}$ とする。

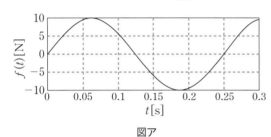

図ア

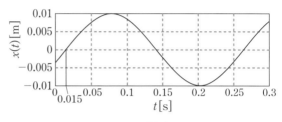

図イ

あなたがここで学んだこと

この章であなたが到達したのは
- □ 調和外力による減衰系の強制振動の運動方程式を求めることができる
- □ 強制振動の運動方程式の解を求めることができる
- □ 過渡振動のしくみを説明できる

　本章では，振動現象を考えるうえで基本となる1自由度振動系を使って，調和外力による強制振動の時間応答が過渡振動から定常振動に移行するしくみについて学んだ。また，ここで導出した強制振動の振幅と位相の式が第5章の強制振動Ⅱを学ぶときに必要になるため，必ず習得してほしい。

5章 1自由度系の強制振動 II

　日本は，世界でも有数の地震国であり，建築物に大きな損傷を与えるような大地震が何度も発生している。建築物の受ける損傷は，地震の震度が大きいほど大きくなることは容易に想像できるだろう。そのほかにも，個々の建築物に目を向けると，地震波の振動数成分と建物の固有振動数の関係も無視できない。建築物の固有振動数は，戸建住宅などの低層建物は 1 Hz 以上であるのに対して，100 m を超えるような超高層ビルの固有振動数は 0.4 Hz 以下となり，高くなるほど固有振動数も小さくなる。一方，地震波はさまざまな振動数成分を含んでいるが，これまでは，卓越周期（地震波のなかで建物に大きな影響を与える周期）が 1 秒以下の短周期の地震波形が問題とされてきた。この場合，図 A に示すように，戸建住宅で共振状態となり，振動が大きく増幅されるが，超高層ビルの振動は小さく影響は少ない。しかし，近年，卓越周期が 3 ～ 8 秒程度となる長周期地震動も問題視されてきた。理由は，超高層ビルの固有振動数に近い振動数となるため，共振により超高層ビルでも大きな振動が生じるためである。

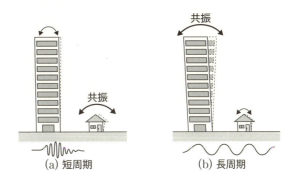

図 A　地震と建築物の共振の関係

● この章で学ぶことの概要

　振動の問題を解決するためには，まず，対象となる構造物や機械の振動特性を把握することが先決である。本章では，共振現象を含む構造物や機械の振動特性を周波数領域で把握するための方法である，**周波数応答曲線**（frequency response curve）について学ぶ。

> **予習　授業の前にやっておこう!!**
>
> 1. 1自由度非減衰振動系の強制振動の振幅と位相について説明せよ。
>
> 2. 1自由度粘性減衰振動系の強制振動の振幅と位相の式を記述せよ。

5・1 周波数応答曲線

第4章では，おもに強制振動の時間応答を扱い，入力として調和外力が加えられたときの出力である，変位の時間応答がどのように変化するかを学んだ。変位応答のなかでも外力と同じ角振動数で振動する定常振動の振幅と位相は，その角振動数によって変化する割合が異なる。図5-1に振幅は同じで異なる角振動数の外力が加えられたときの変位の定常振動を示す。$\omega = 1\,\mathrm{rad/s}$ のときは変位振幅はおよそ1で，入力に対する位相の変化はほとんど見られない。$\omega = 10\,\mathrm{rad/s}$ のとき，変位振幅はおよそ2となり，$\omega = 1\,\mathrm{rad/s}$ のときに比べ大きくなり，位相にも明確な差が現れている。$\omega = 20\,\mathrm{rad/s}$ では逆に，$\omega = 1\,\mathrm{rad/s}$ のときに比べて振幅は小さくなっている。このように，時間応答からも角振動数と振幅および位相の関係を読み取ることが可能だが，広い周波数領

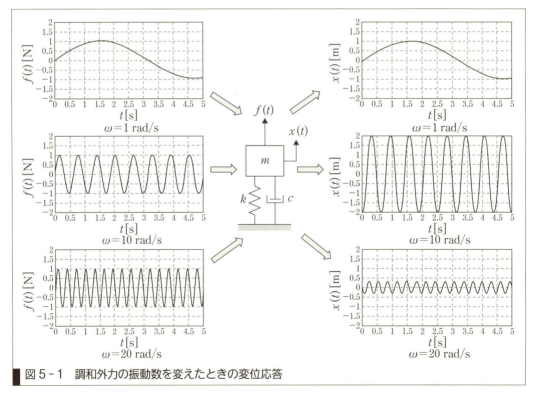

図5-1　調和外力の振動数を変えたときの変位応答

域の特性を把握しづらい。そこで，図5-2のように横軸に角振動数をとり，縦軸に入力と定常振動状態の出力の**振幅比**[*1]と**位相差**[*2]をとったグラフを作成して，周波数特性を把握する方法が用いられる。このようなグラフを**周波数応答曲線**(frequency response curve)もしくはたんに応答曲線という。

*1
振幅比は，入力の振幅を分母，出力の振幅を分子として表す。

*2
位相差は，入力信号を基準とした，入出力信号間の位相の差をとったものである。

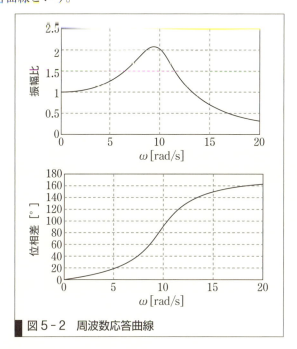

図5-2　周波数応答曲線

5・2　非減衰系の周波数応答曲線

図4-1の1自由度非減衰振動系の応答曲線を求める。非減衰系では減衰がないため，自由振動の項は時間が経過してもなくならない。しかし，応答曲線は定常状態の振動の入出力特性を考えるため，ここでは，強制振動項のみを考える。第4章で求めた非減衰振動系の強制振動項の時間応答の式4-12を $\omega < \omega_n$ と $\omega > \omega_n$ の場合で分けて考えると

$$\begin{cases} x(t) = \left| \dfrac{X_{st}}{1-\beta^2} \right| \sin\omega t & \omega < \omega_n \\ x(t) = \left| \dfrac{X_{st}}{1-\beta^2} \right| \sin(\omega t - \pi) & \omega > \omega_n \end{cases} \quad 5-1$$

と分けられる。ここで，β は**振動数比**(frequency ratio)を表し，$\beta = \omega/\omega_n$ である。X_{st} は静たわみを表す。X_{st} は，調和外力の振幅をばね定数で割ったものなので，外力を変位に変換した値として考えることもできる。ここで，質量の変位振幅を X とおくと，静たわみ X_{st} との振幅比は

$$\left|\frac{X}{X_{st}}\right| = \left|\frac{1}{1-\beta^2}\right| \qquad 5-2$$

となる。式5-1と式5-2から周波数応答曲線を図示すると，図5-3が得られる。$\beta=0\,(\omega=0)$では振幅比が1となっている。$\omega=0$とは静止状態なので，変位の振幅と静ひずみが等しくなる$(X=X_{st})$。βが大きくなるに従い振幅比も大きくなり，$\beta=1\,(\omega=\omega_n)$では共振状態となり，振幅比は無限大となる。$\beta>1\,(\omega>\omega_n)$の領域では$\beta$が大きくなるに従って振幅比は小さくなっていく。このことは，調和外力の振動数が大きくなるということは，質量を速く動かそうとすることだが，速く動かす場合，変位を大きく動かすことが難しいことを表している。また，位相差は$\beta=1$を超えた途端に$180°$となり，固有振動数の前後で変位応答の振幅が反転することがわかる。

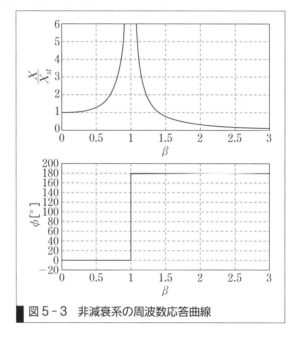

図5-3 非減衰系の周波数応答曲線

5.3 粘性減衰系の周波数応答曲線

5-3-1 変位振幅比と位相差

1自由度の粘性減衰系（図4-4）の調和外力に対する変位の時間応答はすでに第4章で学んだ。このときの振幅Xと位相差ϕは式4-27と式4-28で表される。ここで，振動数比$\beta=\omega/\omega_n$として変位の振幅比と位相差を表すと

$$\frac{X}{X_{st}} = \frac{1}{\sqrt{(1-\beta^2)^2 + (2\zeta\beta)^2}} \qquad 5-3$$

$$\phi = \tan^{-1}\frac{2\zeta\beta}{1-\beta^2} \qquad 5-4$$

となる．式5-3，式5-4からわかるように，振幅比も位相差も振動数比βと減衰比ζの関数となっている．そこで，βを横軸にとりζを変化させた場合の周波数応答曲線のグラフを図5-4に示す．振幅比のグラフより，どのグラフも$\beta=1 (\omega=\omega_n)$付近で最大値を示し共振しているが，減衰比が大きいほど共振振動数は低くなっている．また，共振における振幅比の最大値は減衰比が大きくなるほど小さくなっている．位相差に関しては，$\beta=0 (\omega=0)$の0°から，βが大きくなるに従って遅れが大きくなり，$\beta=1 (\omega=\omega_n)$でどのグラフも90°を通り，最終的には180°に近づいていく．ただし，減衰比が大きいほど，位相の遅れ方も緩やかになっている．

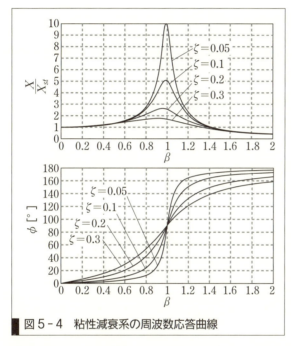

図5-4 粘性減衰系の周波数応答曲線

次に，共振振動数ω_pと振幅比の最大値$X_{\max}/X_{st}$を求める．機械系における共振現象は，機械の破損や騒音問題の原因となるため，これらの値を把握することは重要である．ω_pは振幅比がピーク値である最大値になるときの角振動数なので

$$\frac{d\left(\dfrac{X}{X_{st}}\right)}{d\beta}=0 \qquad 5\text{-}5$$

を満足する振動数比β_pは

$$\beta_p=\sqrt{1-2\zeta^2} \qquad 5\text{-}6$$

となり[*3]，ω_pは以下のように求められる．

$$\omega_p=\omega_n\sqrt{1-2\zeta^2} \qquad 5\text{-}7$$

当然ではあるが，図5-4で示された傾向と同じく，ζが大きくなるに従ってω_pは小さくなる．また，極大値が存在するためには，ルートの

[*3]
❓ヒント
変位の振幅比の場合は，式5-3で表されるように分子が1なので，分母の根号内の多項式が極値をもつ条件と等価である．

中が正の値になる必要があるため

$$0 < \zeta < \frac{1}{\sqrt{2}} \qquad 5\text{-}8$$

が振幅比が極値をもつための条件となる。これよりも減衰比が大きくなると，振幅比に共振ピークは発生しない。振幅比の最大値は式5-6を式5-3に代入することで以下のように求められる。

$$\frac{X_{\max}}{X_{st}} = \frac{1}{2\zeta\sqrt{1-\zeta^2}} \qquad 5\text{-}9$$

式5-9よりわかるように，変位振幅比の最大値は減衰比の大きさだけに依存して決まり，ζが小さくなるほど，共振ピークが大きくなる。そして，減衰比が小さい場合は

$$\frac{X_{\max}}{X_{st}} \cong \frac{1}{2\zeta} \qquad 5\text{-}10$$

として近似して扱っても問題ない場合が多い。たとえば$\zeta = 0.05$の場合を考えてみると，振幅比の最大値の誤差は0.13%程度なので，十分無視できる。また，共振ピークの鋭さを表す値としてQ値（Q factor）が一般的に用いられる。Q値は共振振動数ω_pと振幅比が最大値の$1/\sqrt{2}$になるときの角振動数ω_1, ω_2から以下のように定義される。

$$Q = \frac{\omega_p}{\omega_2 - \omega_1} \qquad 5\text{-}11$$

共振ピークを挟んだ2点の角振動数の幅が小さくなるほど共振ピークは鋭くなり，Q値も大きくなる。

例題 5-1 1自由度の粘性減衰振動系（図4-4）の質量に調和外力$f(t) = 10\sin\omega t$が加わったときの変位振幅比の最大値と変位の最大値を求めよ。ただし，$m = 10$ kg, $c = 10$ Ns/m, $k = 250$ N/mとする。

解答 変位振幅比の最大値は式5-9で求めることができる。必要となるパラメータである減衰比ζは

$$\zeta = \frac{c}{2\sqrt{mk}} = \frac{10}{2\sqrt{10 \times 250}} = 0.1$$

となり，変位振幅比の最大値は

$$\frac{X_{\max}}{X_{st}} = \frac{1}{2\zeta\sqrt{1-\zeta^2}} = \frac{1}{2 \times 0.1 \times \sqrt{1-0.1^2}} = 5.03$$

として求められる。変位の最大値$X_{\max}$は$X_{st} = F/k$, $F = 10$ Nより

$$X_{\max} = \frac{\frac{F}{k}}{2\zeta\sqrt{1-\zeta^2}} = \frac{\frac{10}{250}}{2 \times 0.1 \times \sqrt{1-0.1^2}} = 0.201 \text{ m}$$

となる。

5-3-2 速度振幅比と加速度振幅比

応答として，速度と加速度をとる場合について振幅比と位相差を考えてみる。まず，速度の振幅 X_v と位相差 ϕ_v を求めるため，第4章で求めた応答変位の強制振動項である式 4-26 を時間で1回微分すると[*4]

$$\dot{x}_p = \omega X \sin\left(\omega t - \phi + \frac{\pi}{2}\right) \quad \text{5-12}$$

が得られる。この式と式 5-3，式 5-4 より，速度の振幅比と位相差は

$$\frac{X_v}{\omega_n X_{st}} = \frac{\beta}{\sqrt{(1-\beta^2)^2 + (2\zeta\beta)^2}} \quad \text{5-13}$$

$$\phi_v = \tan^{-1}\frac{2\zeta\beta}{1-\beta^2} - \frac{\pi}{2} \quad \text{5-14}$$

[*4] **ヒント**
$(\sin\omega t)' = \omega\cos(\omega t)$
$\qquad = \omega\sin\left(\omega t + \frac{\pi}{2}\right)$

となる。ここで，分子と次元を合わせるために，分母に ω_n が掛けてある。同様に，加速度の振幅 X_a と位相差 ϕ_a を求めるため，式 5-12 を時間で1回微分すると

$$\ddot{x}_p = \omega^2 X \sin(\omega t - \phi + \pi) \quad \text{5-15}$$

が得られ，加速度の振幅比と位相差は

$$\frac{X_a}{\omega_n^2 X_{st}} = \frac{\beta^2}{\sqrt{(1-\beta^2)^2 + (2\zeta\beta)^2}} \quad \text{5-16}$$

$$\phi_a = \tan^{-1}\frac{2\zeta\beta}{1-\beta^2} - \pi \quad \text{5-17}$$

となる。ここで，分子と次元を合わせるために，分母に ω_n^2 が掛けてある。速度振幅比と位相差および加速度振幅比と位相差のグラフを図 5-5 と図 5-6 に示す。グラフより，ζ が小さくなるほど共振ピークが大きくなる点は変位振幅のときと同様だが，速度振幅比では ζ が小さくなっても共振ピーク位置に変化はなく，加速度振幅比では ζ が小さくなるに従って，共振ピークの位置が高周波数に移動している。位相差に関しても，変位振幅と比べ，グラフの形状は変化しないが，速度振幅で 90°，加速度振幅で 180° オフセットされた形になっている。

速度振幅比の最大値 $X_{v\max}/\omega_n X_{st}$ と共振振動数 ω_p を求める。ω_p は速度振幅比が最大値になるときの角振動数なので，式 5-13 の右辺を β で微分し 0 とおいた

$$\frac{1-\beta^4}{\{(1-\beta^2)^2 + (2\zeta\beta)^2\}^{\frac{3}{2}}} = 0 \quad \text{5-18}$$

を満たす振動数比

$$\beta_p = 1 \quad \text{5-19}$$

から以下のように求められる。

$$\omega_p = \omega_n \quad \text{5-20}$$

速度振幅比の最大値は，式 5-19 を式 5-13 に代入して

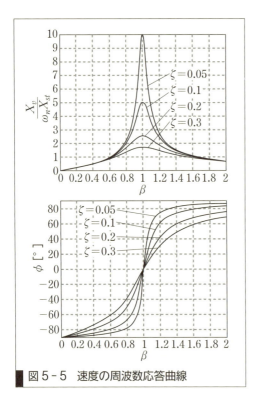

図5-5 速度の周波数応答曲線

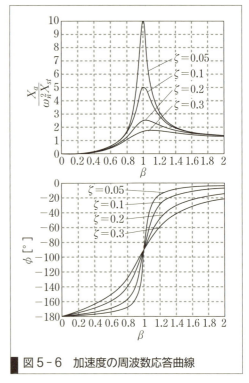

図5-6 加速度の周波数応答曲線

$$\frac{X_{v\max}}{\omega_n X_{st}} = \frac{1}{2\zeta} \qquad 5\text{-}21$$

となる。

次に，加速度振幅比の最大値 $X_{a\max}/\omega_n^2 X_{st}$ と共振振動数 ω_p を求める。ω_p は加速度振幅比が最大値になるときの角振動数なので式5-16の右辺を β で微分し0とおいた

$$\frac{2\beta\{1-(1-2\zeta^2)\beta^2\}}{\{(1-\beta^2)^2+(2\zeta\beta)^2\}^{\frac{3}{2}}} = 0 \qquad 5\text{-}22$$

を満たす振動数比

$$\beta_p = \frac{1}{\sqrt{1-2\zeta^2}} \qquad 5\text{-}23$$

から以下のように求められる。

$$\omega_p = \frac{\omega_n}{\sqrt{1-2\zeta^2}} \qquad 5\text{-}24$$

加速度振幅比の最大値は，式5-23を式5-16に代入して

$$\frac{X_{a\max}}{\omega_n^2 X_{st}} = \frac{1}{2\zeta\sqrt{1-\zeta^2}} \qquad 5\text{-}25$$

となる。

これまでに，変位振幅比，速度振幅比と加速度振幅比の応答曲線について学んだ。このほかにも力の入力に対する各応答（変位，速度，加速

度)の比である**コンプライアンス**(変位／力)，**モビリティ**(速度／力)，**アクセレランス**(加速度／力)を用いて機械や構造物の振動特性を評価できる。

5-3-3 半値幅法

第3章では，自由振動の時刻歴波形の振幅比より減衰比を求める方法を学んだ。ここでは，周波数応答曲線の振幅比のグラフより減衰比を求める**半値幅法**[*5]について説明する(図5-7)。半値幅法では，実験によって得た周波数応答曲線から共振振動数ω_pと振幅比が最大値の$1/\sqrt{2}$になるときの角振動数ω_1, ω_2を読み取り，減衰比を計算する。

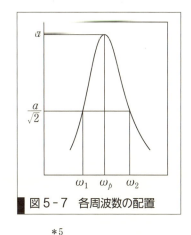

図5-7　各周波数の配置

*5
➕α プラスアルファ
ハーフパワー法(half-power method)ともいい，振幅の二乗であるパワーの半分の位置を振幅で表すと$1/\sqrt{2}$となる。

1. 変位振幅比を用いる方法　変位振幅比の応答曲線より減衰比ζと各振動数ω_p, ω_1, ω_2の関係を求める。ω_1, ω_2の振動数比β_1, β_2は変位振幅比の式5-3とその最大値を与える式5-9より，

$$\frac{1}{\sqrt{(1-\beta^2)^2+(2\zeta\beta)^2}}=\frac{1}{\sqrt{2}}\frac{1}{2\zeta\sqrt{1-\zeta^2}} \qquad 5-26$$

を満たす振動数比として求めることができる。この式の両辺を二乗して整理すると次式が得られる。

$$\beta^4-2(1-2\zeta^2)\beta^2+1-8\zeta^2(1-\zeta^2)=0 \qquad 5-27$$

この式をβ^2について解きβ_1, β_2を求めると

$$\begin{cases}\beta_1=\sqrt{1-2\zeta^2-2\zeta\sqrt{1-\zeta^2}}\\ \beta_2=\sqrt{1-2\zeta^2+2\zeta\sqrt{1-\zeta^2}}\end{cases} \qquad 5-28$$

となる。ここで，減衰比ζが十分に小さいと仮定すると，次のように近似できる[*6]。

$$\begin{cases}\beta_1=1-\zeta\\ \beta_2=1+\zeta\end{cases} \qquad 5-29$$

β_2とβ_1の差をとり$\beta_1=\omega_1/\omega_n$, $\beta_2=\omega_2/\omega_n$を代入し，整理すると

$$\zeta=\frac{\omega_2-\omega_1}{2\omega_n} \qquad 5-30$$

となる。変位振幅比の共振振動数は$\omega_p=\omega_n\sqrt{1-2\zeta^2}$だが，減衰比が十分小さいと仮定すると$\omega_p=\omega_n$と近似することができるため

$$\zeta\cong\frac{\omega_2-\omega_1}{2\omega_p} \qquad 5-31$$

となり，応答曲線よりω_p, ω_1, ω_2を読み取ることで，減衰比を求めることができる。ただし，減衰比が十分小さいと近似して求めた式なので，減衰比が大きくなるに従って誤差が大きくなる点に注意が必要である。

*6
💡ヒント
減衰比ζが十分に小さいと仮定するとζ^2を無視できる。
$\sqrt{1-2\zeta^2-2\zeta\sqrt{1-\zeta^2}}$
$\approx\sqrt{1-2\zeta}$
$\approx\sqrt{1-2\zeta+\zeta^2}$
$\approx\sqrt{(1-\zeta)^2}$

2. 速度振幅比を用いる方法 一般的に，変位に比べて速度を測定することは難しいが，速度振幅比を用いると，変位振幅比のときのような減衰比が十分に小さいと仮定する近似を用いないで，減衰比を求めることができるといった利点がある。

速度振幅比の応答曲線における ω_1, ω_2 の振動数比 β_1, β_2 は速度振幅比の式5-13とその最大値を与える式5-21より

$$\frac{\beta}{\sqrt{(1-\beta^2)^2+(2\zeta\beta)^2}} = \frac{1}{\sqrt{2}}\frac{1}{2\zeta} \qquad 5-32$$

を満たす振動数比として求めることができる。この式の両辺を二乗して整理すると次式が得られる。

$$\beta^2 \pm 2\zeta\beta - 1 = 0 \qquad 5-33$$

この式は β の2次方程式だが，左辺の第2項の符号が $\pm$ となっているため，4つの解をもつ。ただし，β は正の値なので必要な解は

$$\begin{cases} \beta_1 = -\zeta + \sqrt{1+\zeta^2} \\ \beta_2 = \zeta + \sqrt{1+\zeta^2} \end{cases} \qquad 5-34$$

となる。β_2 と β_1 の差をとり $\beta_1 = \omega_1/\omega_n$, $\beta_2 = \omega_2/\omega_n$ を代入し，整理すると

$$\zeta = \frac{\omega_2 - \omega_1}{2\omega_n} \qquad 5-35$$

となる。速度振幅比の共振振動数は固有角振動数と等しいので，$\omega_p = \omega_n$ であるため

$$\zeta = \frac{\omega_2 - \omega_1}{2\omega_p} \qquad 5-36$$

となり，速度振幅比の応答曲線より ω_p, ω_1, ω_2 を読み取ることで，減衰比を求めることができる。

例題 5-2 変位振幅比を測定したところ，図5-8のような応答曲線が得られた。この図より半値幅法によって減衰比を求めよ。

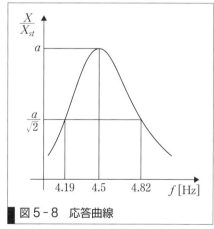

図5-8 応答曲線

解答 変位振幅比の応答曲線から減衰比を求める式は5-30で与えられている。求める減衰比は十分小さいと仮定すると式5-31より

$$\zeta = \frac{\omega_2 - \omega_1}{2\omega_p}$$

となる．グラフの横軸は振動数で与えられているので，左から $f_1 = 4.19$, $f_p = 4.5$, $f_2 = 4.82$ となり減衰比は

$$\zeta = \frac{2\pi f_2 - 2\pi f_1}{2 \times 2\pi f_p} = \frac{f_2 - f_1}{2f_p} = \frac{4.82 - 4.19}{2 \times 4.5} = 0.07$$

として求められる．

演習問題 A　基本の確認をしましょう

5-A1 質量 $m = 1.2$ kg，粘性減衰係数 $c = 14$ Ns/m，ばね定数 $k = 1600$ N/m の1自由度粘性減衰振動系（図4-4）に調和外力が作用している．以下の問いに答えよ．
(1) 変位振幅比の最大値とそのときの共振振動数を求めよ．
(2) 速度振幅比の最大値とそのときの共振振動数を求めよ．
(3) 加速度振幅比の最大値とそのときの共振振動数を求めよ．

5-A2 質量 $m = 3$ kg，粘性減衰係数 $c = 2$ Ns/m，ばね定数 $k = 1200$ N/m の1自由度粘性減衰振動系（図4-4）の $\omega = 3$ rad/s のときの変位振幅比と位相差を求めよ．

5-A3 速度振幅比を測定したところ，図アのような応答曲線が得られた．この図より半値幅法によって減衰比を求めよ．

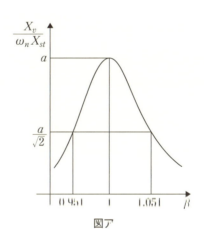

図ア

演習問題 B　もっと使えるようになりましょう

5-B1 図4-4の1自由度粘性減衰振動系の変位振幅比のグラフを描け．ただし，質量 $m = 0.5$ kg，粘性減衰係数 $c = 8$ Ns/m，ばね定数 $k = 800$ N/m とする．

5-B2 図4-4の1自由度粘性減衰振動系の変位振幅比の最大値を3以下にしたい．減衰比 ζ をいくつ以上にすればよいか求めよ．

> **あなたがここで学んだこと**
>
> この章であなたが到達したのは
> - □ 周波数応答曲線から振動の状態を説明できる
> - □ 共振振動数と振幅比の最大値を求めることができる
> - □ 半値幅法を使って減衰比を求めることができる
>
> 　本章では，1自由度振動系に対して，振幅比と位相差の周波数応答曲線について学んだ。周波数応答曲線は時間応答だけではイメージをつかみづらい，システムの周波数特性を把握するために重要な考え方であり，多自由度振動系の特性を把握するうえでも重要であるため，必ず習得してほしい。

6章 振動の絶縁

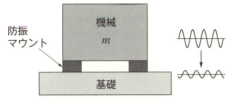
機械に強制外力が作用する場合

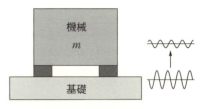
基礎に強制変位が作用する場合

図A　防振の様子

図B　防振マウントの例

　機械系の振動は，一般的には止めることが望まれることが多い。その方法として，たとえば，自動車のエンジンによって発生する振動を車体に伝えない工夫や，精密な計測や測定をする装置で，床や外部からの振動が装置に伝わらなくする工夫，さらには工場内のプレス機械の振動低減対策などがあげられる。図Aは，このような場合に行われる防振対策の様子であり，図Bはよく用いられる防振マウントの例を示している。このような事例では，いったいどのような原理や技術が使われているのだろうか？

　機械装置から基礎への力の伝達と，基礎から機械装置への変位の伝達について特性を見ていこう。

●この章で学ぶことの概要

　本章では，第5章で学んだ1自由度振動系を対象とした調和加振力に対する応答の振幅倍率および位相特性をもとに，防振のための振動絶縁や基礎絶縁の原理が成り立つことを解説する。さらに，基礎絶縁の考え方と同様の考え方で，振動計測のための原理も成り立つことを解説するので，しっかりと理解してほしい。

> **予習 授業の前にやっておこう!!**
>
> 1. 1自由度粘性減衰振動系の調和外力による強制振動について説明せよ。
>
> 2. 応答倍率とは何か説明せよ。

6・1 調和外力による加振と調和変位による加振

　実際の機械を運転すると，質量体の回転運動や往復運動などによる力が機械本体に作用し，振動を誘発する場合がある。このような力を**加振力**あるいは**励振力**(exciting force)という。回転機械やエンジン，コンプレッサなどを基礎に据えるとき，機械が発生する振動が基礎に伝わり，周囲の構造物に，振動や騒音の発生といった悪影響をおよぼすので，振動が基礎に伝わらないようにする必要がある。この処理を**振動絶縁**(vibration isolation)といい，加振力と基礎へ伝わる伝達力との比である**力の伝達率**(force transmissibility)が指標として用いられる。

　また，この場合とは逆に，基礎部からの振動が光学測定装置や精密機械などに伝わり，必要な測定精度や加工精度を満たすことができない場合が起きることもある。精密な測定を行う装置では，微小な揺れでも測定結果に影響を与えてしまうため，外部の振動が機械装置に伝わらないようにしなければならない。また，地震のときに揺れ動く高層ビルなどの建物や悪路を走行するときの車両のように，土台部分の振動による影響を低減する必要がある場合も多い。この処理を**基礎絶縁**(base isolation)といい，基礎部の加振変位と機械に伝わる変位との比である**変位の伝達率**(displacement transmissibility)を指標に用いる。

　このような加振力や加振変位は，実際は必ずしも単純な時間の関数ではないが，ここでは単純化して $\cos\omega t$ や $\sin\omega t$ で表される調和関数として，振動絶縁や基礎絶縁について学ぶ。

6・2 振動絶縁

　機械が起こす振動が基礎に伝わる場合の振動モデルとして，簡単のために，図6-1に示す1自由度減衰振動系を考える。この図は，図4-4に示した加振力を受ける場合の振動モデルと同じである。定常振動を考えるとこの系の応答は，式4-26〜28より，次式で表される[*1]。

$$x_s = X_s \sin(\omega t - \phi) \qquad 6-1$$

*1 Let's TRY!!
実際に導出してみよう。

ただし，静たわみを $X_{st} = F/k$ として，

$$X_s = \frac{F}{k}\frac{k}{m\sqrt{(\omega_n{}^2-\omega^2)^2+(2\zeta\omega_n\omega)^2}} = \frac{X_{st}}{\sqrt{\left\{1-\left(\frac{\omega}{\omega_n}\right)^2\right\}^2+\left(\frac{2\zeta\omega}{\omega_n}\right)^2}}$$

6-2

$$\phi = \tan^{-1}\left\{\frac{2\zeta\frac{\omega}{\omega_n}}{1-\left(\frac{\omega}{\omega_n}\right)^2}\right\}$$

6-3

である。

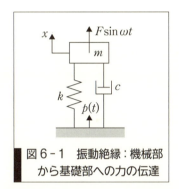

図6-1 振動絶縁：機械部から基礎部への力の伝達

質点の振動が，機械が設置されている床などの基礎に伝わる場合，基礎はダンパとばねによって作用力を受ける。その力を $p(t)$ とすると，

$$p(t) = c\dot{x} + kx \qquad 6\text{-}4$$

で表される。また，質点の応答速度は，式6-1を時間微分して，

$$\dot{x}_s = \omega X_s \cos(\omega t - \phi) \qquad 6\text{-}5$$

となる。式6-1および式6-5を，式6-4に代入すると，

$$p(t) = c\omega X_s \cos(\omega t - \phi) + kX_s \sin(\omega t - \phi) \qquad 6\text{-}6$$

を得る。ここで，$p(t)$ の振幅を P とすると，

$$P = X_s\sqrt{(c\omega)^2 + k^2} = mX_s\sqrt{(2\zeta\omega_n\omega)^2 + \omega_n{}^4} \qquad 6\text{-}7$$

となる。一方，式6-2から加振力の振幅 F は，

$$F = mX_s\sqrt{(\omega_n{}^2-\omega^2)^2 + (2\zeta\omega_n\omega)^2} \qquad 6\text{-}8$$

となる。式6-7と式6-8の比をとり，力の伝達率を P/F とすると，次式を得る。

$$\frac{P}{F} = \sqrt{\frac{(2\zeta\omega_n\omega)^2 + \omega_n{}^4}{(\omega_n{}^2-\omega^2)^2+(2\zeta\omega_n\omega)^2}} = \sqrt{\frac{1+\left(\frac{2\zeta\omega}{\omega_n}\right)^2}{\left\{1-\left(\frac{\omega}{\omega_n}\right)^2\right\}^2+\left(\frac{2\zeta\omega}{\omega_n}\right)^2}}$$

6-9

式6-9は，機械部で発生する加振力の基礎に伝わる力の比率を表している。

図 6-2 に力の伝達率を示す。この図より，力の伝達率を小さくするためには，$\omega/\omega_n > \sqrt{2}$ の範囲にする必要があることがわかる。すなわち，減衰比 ζ を小さくし，ω/ω_n を大きくする。そのためには，$\omega_n = \sqrt{k/m}$ を小さくするように，ばね定数 k を選ぶ必要がある。

一方，極端に低い振動数で運転される機械において，なかなか $\omega/\omega_n > \sqrt{2}$ となるようにできない場合は，ζ と k を大きく設定したうえで $\omega/\omega_n \ll 1$ となるように低振動数側で運転することを選ぶことにより，共振点付近の条件よりも力の伝達率を小さくすることができる。

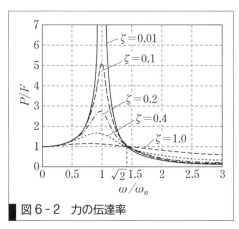

図 6-2 力の伝達率

例題 6-1 力の伝達率に関する問題

15 Hz の調和外力を受ける 1 自由度振動系の力の伝達率を 0.5 以下としたい。質量 m が 75 kg である場合に，ばね定数 k の値をいくらにすればよいか。減衰比 ζ が 0 である場合について答えよ。

解答 $\zeta = 0$ の場合，力の伝達率は式 6-9 より，次のようになる。

$$\frac{1}{\sqrt{\left\{1-\left(\frac{\omega}{\omega_n}\right)^2\right\}^2}} \leqq 0.5$$

であるから

$$\frac{1}{\left\{1-\left(\frac{\omega}{\omega_n}\right)^2\right\}^2} \leqq 0.25$$

となる。よって，

$$0.25\left\{\left(\frac{\omega}{\omega_n}\right)^4 - 2\left(\frac{\omega}{\omega_n}\right)^2 + 1\right\} \geqq 1$$

となり，

$$\left(\frac{\omega}{\omega_n}\right)^4 - 2\left(\frac{\omega}{\omega_n}\right)^2 - 3 \geqq 0$$

を得る。$(\omega/\omega_n)^2 > 0$ であるから $(\omega/\omega_n)^2 \geqq 3$ となる。よって，

$\omega/\omega_n \geqq \sqrt{3}$ が求められる。

調和外力の振動数が 15 Hz であるから，$\omega = 30\pi$ rad/s である。したがって，

$$\omega_n = \sqrt{\frac{k}{m}} \leq \frac{30\pi}{\sqrt{3}} \text{ rad/s}$$

が求められる。質量 m が 75 kg であるから，

$k \leq (900\pi^2/3) \times 75 = 222066.1$ N/m　となる。以上より，ばね定数 k を，222.1 kN/m 以下にすれば力の伝達率を 0.5 以下にできることがわかる。

6・3　基礎絶縁

図 6-3 に変位加振を受ける 1 自由度減衰振動系のモデルを示す。機械本体の設置基礎部に $y = Y\sin\omega t$ で表される変位入力を受けるものとする。

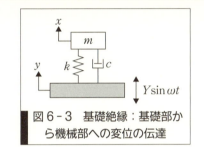

図 6-3　基礎絶縁：基礎部から機械部への変位の伝達

この場合の運動方程式は，

$$m\ddot{x} = -c(\dot{x} - \dot{y}) - k(x - y) \quad 6-10$$

となる。ここで，式 4-17 を式 4-18 に変形するのと同様にして，両辺を質量 m で割ると，次式が得られる。

$$\ddot{x} + 2\zeta\omega_n(\dot{x} - \dot{y}) + \omega_n^2(x - y) = 0 \quad 6-11$$

$y = Y\sin\omega t$，$\dot{y} = \omega Y\cos\omega t$ であるので，式 6-11 は次式のようになる。

$$\ddot{x} + 2\zeta\omega_n\dot{x} + \omega_n^2 x = 2\zeta\omega_n\dot{y} + \omega_n^2 y$$
$$= 2\zeta\omega_n\omega Y\cos\omega t + \omega_n^2 Y\sin\omega t \quad 6-12$$

定常振動を考えると，応答は $x_s = X_s\sin(\omega t - \phi)$ となる[*2]。ここで，X_s と ϕ は，

$$X_s = \sqrt{\frac{(2\zeta\omega_n\omega)^2 + \omega_n^4}{(\omega_n^2 - \omega^2)^2 + (2\zeta\omega_n\omega)^2}} Y \quad 6-13$$

$$\phi = \tan^{-1}\left\{\frac{2\zeta\omega_n\omega^3}{(\omega_n^2 - \omega^2)\omega_n^2 + (2\zeta\omega_n\omega)^2}\right\} \quad 6-14$$

と表される。よって，変位の伝達率を X_s/Y として，次式を得る。

[*2] Let's TRY!
実際に導出してみよう。

$$\frac{X_s}{Y} = \sqrt{\frac{(2\zeta\omega_n\omega)^2 + \omega_n^4}{(\omega_n^2 - \omega^2)^2 + (2\zeta\omega_n\omega)^2}} = \sqrt{\frac{1 + \left(\frac{2\zeta\omega}{\omega_n}\right)^2}{\left\{1 - \left(\frac{\omega}{\omega_n}\right)^2\right\}^2 + \left(\frac{2\zeta\omega}{\omega_n}\right)^2}}$$

6-15

この様子を図に示すと図6-4のようになり,図6-2と同様であることがわかる。図6-4より,$\omega/\omega_n > \sqrt{2}$ の条件では,基礎部が振動しても機械本体の振幅は小さくなる。この状態を,基礎絶縁という。建物を弾性体で支持して,その固有振動数が地震の振動数よりも,はるかに小さくなるように(ω/ω_n が大きくなるように)しておけば,地震のとき建物は空間でほぼ静止していることになる。これが免震支持の原理である。

しかしながら,固有振動数を低くするためにばね定数を低くすると,静止状態でのたわみの量が大きくなることと,固有振動数より低い周波数域では揺れが大きくなるので,注意が必要である。

ここまで,振動絶縁と基礎絶縁について述べてきたが,式6-9と式6-15が同一であることから,両者の振動の絶縁方法は等しいことがわかる。つまり,機械で発生する調和加振力の基礎への力の伝達を防止する問題と,基礎の調和変位加振による機械への変位を防止する問題とは,本質的に同一であるといえる。

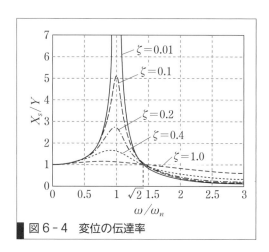

図6-4 変位の伝達率

例題 6-2 基礎絶縁に関する問題

図6-3のようにばね定数 k のばねと粘性減衰係数 c のダンパで支持された質量 m の物体がある。この基礎が,$A\sin\omega t$ で振動しているとする。質量 m が 100 kg,基礎の振動数が 10 Hz のとき,m の振幅が A の 1/4 以下になるためのばね定数 k [N/m] の範囲を,減衰比 ζ が 0.01 の場合について求めよ。

解答 変位の伝達率は，式6-15でζ = 0.01 として，

$$\sqrt{\frac{1+\left(\frac{0.02\omega}{\omega_n}\right)^2}{\left\{1-\left(\frac{\omega}{\omega_n}\right)^2\right\}^2+\left(\frac{0.02\omega}{\omega_n}\right)^2}} \leq 0.25$$

$$\frac{1+\left(\frac{0.02\omega}{\omega_n}\right)^2}{\left\{1-\left(\frac{\omega}{\omega_n}\right)^2\right\}^2+\left(\frac{0.02\omega}{\omega_n}\right)^2} \leq 0.0625$$

と求められる。この式を整理すると，$(\omega/\omega_n)^4 - (1003/500)(\omega/\omega_n)^2 - 15 \geq 0$ を得る。

$(\omega/\omega_n)^2 > 0$ であるから $(\omega/\omega_n)^2 \geq 5$ である。よって $\omega/\omega_n \geq \sqrt{5}$ となる。

調和変位入力の振動数が 10 Hz であるから，$\omega = 20\pi$ rad/s となる。したがって，$\omega_n = \sqrt{k/m} \leq 20\pi/\sqrt{5}$ rad/s，質量 m が 100 kg であるから $k \leq (400\pi^2/5) \times 100 = 78956.8$ N/m が得られる。以上より，ばね定数 k を，79.0 kN/m 以下にすれば変位の伝達率を 0.25 以下にできることがわかる。

6 4 相対変位の調和加振応答

6-3 節の基礎絶縁では，図 6-3 に示した変位加振を受ける 1 自由度減衰振動系の質量の絶対変位に着目して，変位の伝達率を考えた。ここでは，質量と基礎部の相対変位に着目して，変位の伝達率について考えることとする。

図 6-3 に関する運動方程式として，式 6-10 が成り立つ。質量と基礎部との相対変位 $z = x - y$ を定義すると，$x = z + y$ である。よって式 6-11 は，次のようになる。

$$(\ddot{x} - \ddot{y}) + 2\zeta\omega_n(\dot{x} - \dot{y}) + \omega_n^2(x - y) = -\ddot{y} \qquad 6\text{-}16$$

$$\ddot{z} + 2\zeta\omega_n\dot{z} + \omega_n^2 z = -\ddot{y} \qquad 6\text{-}17$$

$y = Y\sin\omega t$ であるので，式 6-17 は次式のようになる。

$$\ddot{z} + 2\zeta\omega_n\dot{z} + \omega_n^2 z = \omega_n^2 Y \sin\omega t \qquad 6\text{-}18$$

定常振動を考えると，応答は $z_s = Z_s \sin(\omega t - \phi)$ となる[*3]。ここで，Z_s と ϕ は，次のように表される。

$$Z_s = \frac{\omega^2 Y}{\sqrt{(\omega_n^2 - \omega^2)^2 + (2\zeta\omega_n\omega)^2}} \qquad 6\text{-}19$$

[*3] **Let's TRY!** 実際に導出してみよう。

$$\phi = \tan^{-1}\left\{\frac{2\zeta\omega_n\omega}{\omega_n^2 - \omega^2}\right\} \qquad 6-20$$

よって，相対変位の伝達率を Z_s/Y として，次式を得る。

$$\frac{Z_s}{Y} = \frac{\omega^2}{\sqrt{(\omega_n^2 - \omega^2)^2 + (2\zeta\omega_n\omega)^2}} = \frac{\left(\dfrac{\omega}{\omega_n}\right)^2}{\sqrt{\left\{1-\left(\dfrac{\omega}{\omega_n}\right)^2\right\}^2 + \left(\dfrac{2\zeta\omega}{\omega_n}\right)^2}} \qquad 6-21$$

この様子を図に示すと図6-5のようになる。振幅特性は，ζ の値が大きくなるにつれて，Z_s/Y のピーク値が，$\omega/\omega_n = 1.0$ より大きな ω/ω_n の値で発生することがわかる。また，位相の最大遅れは180°であることがわかる。

式6-21の応用として，**サイズモ振動計**（seismic instrument）[*4] が作られており，変位振動計（あるいは地震計）や振動加速度計として使用されている。これらの測定原理について，以下に述べる。

[*4]
工学ナビ
サイズモ振動計の構造は，下図のようになっている。

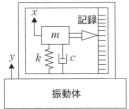

m, c, k の定数を設定することで，変位を測定する変位振動計（地震計）や測定対象物の振動加速度を測定する加速度計として使用されている。

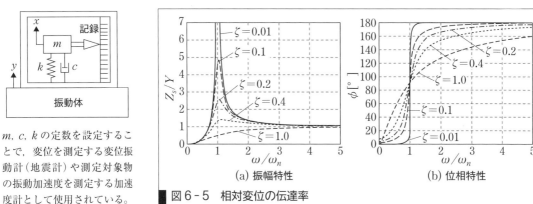

図6-5　相対変位の伝達率

式6-21と式6-20を変形すると，次式が得られる。

$$Z_s = \frac{Y}{\sqrt{\left\{1-\dfrac{1}{\left(\dfrac{\omega}{\omega_n}\right)^2}\right\}^2 + \left\{2\zeta\dfrac{1}{\left(\dfrac{\omega}{\omega_n}\right)}\right\}^2}} \qquad 6-22$$

$$\phi = \tan^{-1}\left\{\frac{2\zeta\left(\dfrac{\omega}{\omega_n}\right)}{1-\left(\dfrac{\omega}{\omega_n}\right)^2}\right\} \qquad 6-23$$

よって，$\omega/\omega_n \gg 1$ のとき，$Z_s \fallingdotseq Y$，$\phi \fallingdotseq 180°$ となるので，

$$z_s \fallingdotseq Y\sin(\omega t - \pi) = -Y\sin\omega t = -y \qquad 6-24$$

の関係が得られる。これは，相対変位 z_s を計測すれば測定対象物の変位 y がわかることを表している。

次に，対象物の加速度を計測することを考える。式6-21より応答

$z_s = Z_s \sin(\omega t - \phi)$ は,

$$z_s = \left[-\cfrac{1}{\omega_n{}^2 \sqrt{\left\{1 - \left(\cfrac{\omega}{\omega_n}\right)^2\right\}^2 + \left(\cfrac{2\zeta\omega}{\omega_n}\right)^2}} \right] \cdot (-\omega^2) Y \sin(\omega t - \phi)$$

6-25

となる。よって $\omega/\omega_n \ll 1$ のとき,[ ]の内部は $-1/\omega_n{}^2$ となり,また,式 6-23 より $\phi \fallingdotseq 0°$ となるので,式 6-25 は,

$$z_s \fallingdotseq -\cfrac{\ddot{y}}{\omega_n{}^2}$$

6-26

となる。これは,z_s を測定して $\omega_n{}^2$ 倍することで,測定対象物の加速度 $\ddot{y}$ がわかることを表している。

演習問題 A 基本の確認をしましょう

6-A1 図 6-1 に示す 1 自由度減衰振動系において,固有角振動数が 60 rad/s,減衰比が 0.02 であった。質量に振幅 10 kN で,加振振動数が 6.0 rad/s のときと,120 rad/s のときの基礎への伝達力を求めよ。

6-A2 図 6-3 に示す 1 自由度減衰振動系において,固有角振動数が 50 rad/s,減衰比が 0.01 であった。基礎の部分の変位振幅が 5×10^{-3} m,加振振動数が 10.0 rad/s のときの機械部の振動変位を求めよ。

6-A3 例題 6-1 において,減衰比 ζ が 0.01 である場合について答えよ。

6-A4 例題 6-2 において,減衰比 ζ が 0 である場合について答えよ。

6-A5 図アに示すような質量 m,ばね(ばね定数:k [N/m]),ダンパ(粘性減衰係数:c [Ns/m])から成る振動系に,調和励振力(振幅 $F_0 = 100$ kN,加振振動数 $f = 10$ Hz)が作用したときの基礎に伝達される伝達力 P を求めよ。ただし,$m = 40$ kg,$k = 10$ kN/m,$c = 200$ Ns/m とする。

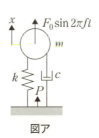

図ア

演習問題　B　　もっと使えるようになりましょう

6-B1　図イに示すような1自由度の車体 M が，正弦波状（凹凸の振幅が 2 cm，波長が 4 m）の路面を走行している。$M = 250$ kg，$k = 2.5 \times 10^3$ N/m，$c = 0$ Ns/m とするとき，以下の問いに答えよ。

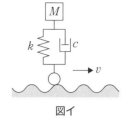

図イ

(1) 車体系が共振状態になる速度 v [m/s] を求めよ。

(2) 車体が次の時速で走行しているとき，車体の振幅がいくらになるか求めよ。

　　(a) 40 km/h　　(b) 100 km/h

6-B2　問題 6-B1 において，$c = 16.0$ Ns/m の場合について解答せよ。

6-B3　図ウに示すように，質量 M の回転機械がばね（ばね定数：k [N/m]）とダンパ（粘性減衰係数：c [Ns/m]）によって支持されている。回転機械の回転部分に不つり合い me が存在する。定常状態での回転機械の応答を調べ，応答曲線を図示せよ。ここで，m は回転質量，e は偏心量である。

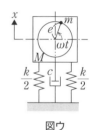

図ウ

あなたがここで学んだこと

この章であなたが到達したのは

- □ 振動絶縁の原理について説明できる
- □ 基礎絶縁の原理について説明できる
- □ サイズモ振動計の原理について説明できる

本章では1自由度粘性減衰振動系の強制振動をもとに，振動絶縁や基礎絶縁の原理について学んだ。そして，機械で発生する調和加振力の基礎への力の伝達を防止する問題と，基礎の調和変位加振による機械への変位を防止する問題とは，本質的に同一であることも学んだ。

また，基礎絶縁の原理について，出力を質量と基礎の相対変位に着目すると，振動計の原理となることも学んだ。

これらの内容は，より複雑な振動系における振動発生の影響を低減するうえでの基本であるから，しっかりと理解してほしい。

7章

2自由度系の振動 I

これまで1自由度系を扱い，調和外力の振動数が系の固有角振動数付近になると共振現象が生じることを学習した。しかしながら，実際の機械システムでは，複数の周波数領域で共振現象が発生する。これは系の自由度の数に由来する。したがって，共振点が複数ある機械システムの動特性を把握するには多自由度系の振動解析の知識が不可欠となる。多自由度系の最も簡単な例は2自由度振動系である。たとえば，大型バスが凹凸の路面を走行するとき，図Aの左図のように並進運動（上下運動）と回転運動が生じる。この運動を再現するモデルとして，図Aの右図のような1つの質量（車体）と2つのサスペンションから成る2自由度系のモデルが考えられる。さらには，タイヤとサスペンションを考慮した自動車の上下運動解析には，図Bの2つの質量と2つのばねから成るモデルで近似できる。これらは自動車の乗り心地を評価するための簡便な多自由度系モデルといえる。

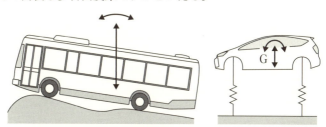

図A　車体の2自由度系モデル

図B　タイヤ・サスペンションの2自由度系モデル

● この章で学ぶことの概要

初めに，2自由度振動系の運動方程式の導出について確認する。ついで，固有角振動数，固有振動モードおよび自由振動解の求め方を学習する。これより，多自由度系の振動解析の基礎となる2自由度振動系の自由振動解析の知識を修得する。

予習 授業の前にやっておこう!!

1. 図aに示されるような1自由度系が変位入力 u を受けるときの運動方程式が
$$m\ddot{x} = -c(\dot{x} - \dot{u}) - k(x - u)$$
となることを説明せよ。

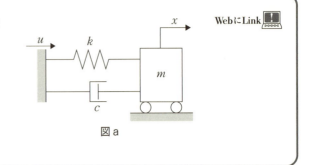

図a

7-1 非減衰系の自由振動の基礎

7-1-1 運動方程式

図7-1に示される2つの質量 m_1, m_2 と3つのばね k_1, k_2, k_3 から構成されるばね-質量系の非減衰2自由度系を考え，運動方程式の求め方を以下に示す。

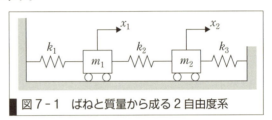

図7-1 ばねと質量から成る2自由度系

図7-2は，図7-1の各質量に働く力を示したものである。質量 m_1 が右方向に x_1 移動すると，ばね k_1 は x_1 伸びて質量 m_1 を左の方向に戻そうとする力（復元力）が作用する。一方，ばね k_2 は質量 m_2 が右方向に x_2 移動するのでその縮みは $x_1 - x_2$ となり，この力も左方向に作用する。したがって，質量 m_1 の運動方程式は

$$m_1 \ddot{x}_1 = -k_1 x_1 - k_2(x_1 - x_2) \qquad 7\text{-}1$$

となる。同様に，質量 m_2 に対してばね k_2 の伸びは $x_2 - x_1$，ばね k_3 の縮みは x_2 となり，これらの力も復元力となるので，質量 m_2 の運動方程式は

$$m_2 \ddot{x}_2 = -k_2(x_2 - x_1) - k_3 x_2 \qquad 7\text{-}2$$

と導かれる。以上，式7-1，式7-2が図7-1で示される2自由度系の運動方程式となる。

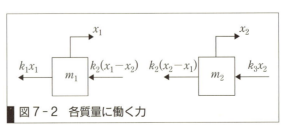

図7-2 各質量に働く力

7-1-2 固有角振動数

図7-1に示される2自由度系を例にとり，固有角振動数の求め方を以下に示す。

式7-1, 式7-2から，この系の運動方程式は次式のように書き直すことができる。

$$\begin{cases} m_1\ddot{x}_1 + (k_1+k_2)x_1 - k_2 x_2 = 0 \\ m_2\ddot{x}_2 - k_2 x_1 + (k_2+k_3)x_2 = 0 \end{cases} \quad 7\text{-}3$$

式7-3に示されるように，質量 m_1 の運動方程式には $k_2 x_2$ の項，質量 m_2 には $k_2 x_1$ の項が存在する。これより，質量 m_1 と m_2 の運動は独立ではなく，たがいに影響をおよぼすことがわかる。このような系を**連成系**（coupled system）という。

2つの質量が同じ振動数 ω で調和振動すると仮定して解を

$$x_1 = X_1 \sin\omega t, \quad x_2 = X_2 \sin\omega t \quad 7\text{-}4$$

とおく。ここで，X_1 と X_2 は振幅を表している。上式を式7-3に代入すると次式を得る。

$$\begin{cases} (k_1+k_2-m_1\omega^2)X_1 - k_2 X_2 = 0 \\ -k_2 X_1 + (k_2+k_3-m_2\omega^2)X_2 = 0 \end{cases} \quad 7\text{-}5$$

上式の解として $X_1 = 0, X_2 = 0$ があげられるが，これは式7-4から運動しないことを意味しており，これは振動解とはならない。式7-5が非自明な解（$X_1 \neq 0, X_2 \neq 0$）をもつ条件は

$$\begin{vmatrix} (k_1+k_2-m_1\omega^2) & -k_2 \\ -k_2 & (k_2+k_3-m_2\omega^2) \end{vmatrix} = 0 \quad 7\text{-}6$$

で与えられる[*1]。式7-6は式7-3の解が式7-4となるための条件を示しており，これを**振動数方程式**（frequency equation）[*2]という。式7-6を展開すると

$$\omega^4 - a\omega^2 + b = 0 \quad 7\text{-}7$$

を得る。ここで，a, b はそれぞれ

$$a = \frac{k_1+k_2}{m_1} + \frac{k_2+k_3}{m_2}, \quad b = \frac{(k_1+k_2)(k_2+k_3) - k_2^2}{m_1 m_2} \quad 7\text{-}8$$

である。式7-7は ω^2 に関する2次方程式とみなすことができる。ω^2 について解くと

$$\omega^2 = \frac{a \mp \sqrt{a^2-4b}}{2} \quad 7\text{-}9$$

となる。このように ω^2 は2つの値をもつ。式7-4よりこの振動数で質量は自由振動するので，この値の小さい方を1次固有角振動数 ω_1, もう一方を2次固有角振動数 ω_2 と定義する。この2つの固有角振動数のみで，質量 m_1 と m_2 は同じ振動数で調和振動する。

[*1] **ヒント**
次の連立方程式
$$\begin{cases} ax+by=0 \\ cx+dy=0 \end{cases}$$
が非自明な解（$x \neq 0, y \neq 0$）をもつ条件は，次の係数行列式の値が0となることである。
$$\begin{vmatrix} a & b \\ c & d \end{vmatrix} = 0$$

[*2] 第3章の特性方程式と同じ意味をもつ。

例題 7-1 図7-1において，$m_1 = 1$ kg, $m_2 = 1$ kg, $k_1 = 100$ N/m, $k_2 = 200$ N/m, $k_3 = 100$ N/m のときの固有角振動数を求めよ．

解答 式7-8より，

$$a = \frac{k_1 + k_2}{m_1} + \frac{k_2 + k_3}{m_2} = \frac{100 + 200}{1} + \frac{200 + 100}{1} = 600$$

$$b = \frac{(k_1 + k_2)(k_2 + k_3) - k_2^2}{m_1 m_2} = \frac{(100 + 200)(200 + 100) - 200^2}{1 \times 1}$$

$$= 50000$$

となり，式7-9より，

$$\omega^2 = \frac{600 \mp \sqrt{600^2 - 4 \times 50000}}{2} = 100, 500$$

が得られる．したがって，$\omega_1 = \sqrt{100} = 10$ rad/s, $\omega_2 = \sqrt{500} = 10\sqrt{5}$ rad/s と求められる．

7-1-3 固有振動モード

2自由度系が固有角振動数で調和振動するとき，2つの振幅比が定まっていることを以下に示す．

式7-5より，振幅比 X_2/X_1 は

$$\frac{X_2}{X_1} = \frac{(k_1 + k_2 - m_1 \omega^2)}{k_2} = \frac{k_2}{(k_2 + k_3 - m_2 \omega^2)} \qquad 7-10$$

となる．式7-9から求められる固有角振動数 ω_1 と ω_2 を上式に代入すれば，各振動数で調和振動するときの振幅比が次のように求められる．

$$\left.\frac{X_2}{X_1}\right|_{\omega = \omega_1} = \frac{(k_1 + k_2 - m_1 \omega_1^2)}{k_2} = \frac{k_2}{(k_2 + k_3 - m_2 \omega_1^2)} = \lambda_1 \qquad 7-11$$

$$\left.\frac{X_2}{X_1}\right|_{\omega = \omega_2} = \frac{(k_1 + k_2 - m_1 \omega_2^2)}{k_2} = \frac{k_2}{(k_2 + k_3 - m_2 \omega_2^2)} = \lambda_2 \qquad 7-12$$

これより，図7-1の質量 m_1 と m_2 が固有角振動数 ω_1 で調和振動するときは振幅比が λ_1，ω_2 のときには振幅比が λ_2 となる．振幅比を表すベクトル $[1\ \lambda_1]^T$, $[1\ \lambda_2]^T$ をそれぞれ1次，2次振動の**固有振動モード**(natural mode of vibration)という*3．これは振幅 X_1 と X_2 の大きさにかかわらず，この振幅比で必ず振動することを意味している．図7-3に示されるように，固有振動モードを図示したものを**固有振動モード形状**という*4．

*3
💡ヒント
式7-11, 式7-12で $X_1=1$ とおけば $X_2=\lambda_i$ $(i=1, 2)$ となる．これより，振幅比を表すベクトルは $[1\ \lambda_1]^T$, $[1\ \lambda_2]^T$ と定義できる．

*4
式7-10, 式7-11および式7-12から $\lambda_1 > 0$, $\lambda_2 < 0$ となることを確認しよう．

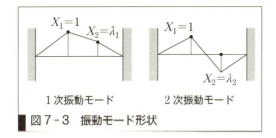

図7-3 振動モード形状

例題 7-2 例題7-1において、1次、2次振動の振幅比を求め、振動モード形状を図示せよ。

解答 例題7-1の解と式7-11と式7-12より、

$$\left.\frac{X_2}{X_1}\right|_{\omega=\omega_1} = \lambda_1 = \frac{(100+200-1\times100)}{200} = 1 > 0$$

$$\left.\frac{X_2}{X_1}\right|_{\omega=\omega_2} = \lambda_2 = \frac{(100+200-1\times500)}{200} = -1 < 0$$

と求められる*5。これより、固有角振動数 ω_1 では振幅 x_2 は振幅 x_1 と同位相、ω_2 では振幅 x_2 は振幅 x_1 の逆位相となる。図7-4は $X_1=1$ としたときの振動モード形状である*6。

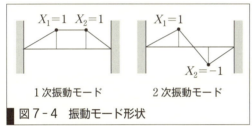

図7-4 振動モード形状

*5 **+α プラスアルファ**
なお、λ_i は式7-11と式7-12の右式からも同じように求められる。

$$\lambda_1 = \frac{k_2}{(k_2+k_3-m_2\omega_1^2)}$$
$$= \frac{200}{(200+100-1\times100)}$$
$$= 1$$

$$\lambda_2 = \frac{k_2}{(k_2+k_3-m_2\omega_2^2)}$$
$$= \frac{200}{(200+100-1\times500)}$$
$$= -1$$

*6 $\lambda_1=1$ のとき、2つの質量の振幅の大きさは等しくなる。この場合、ばね k_2 は伸びも縮みもせず、2つの質量が剛体で接合されたような振動が生じる。

7-1-4 自由振動の解

ついで、図7-1の2自由度系が自由振動するときの解を求めることを試みる。第3章において、非減衰1自由度系の自由振動解は $x = C_1 e^{j\omega_n t} + C_2 e^{-j\omega_n t}$ $(x = C_1 \sin\omega_n t + C_2 \cos\omega_n t)$ の形で与えられることを示した。非減衰2自由度系の自由振動の解は式7-9から求められる固有角振動数 ω_1 と ω_2 を用いて解の重ね合わせから

$$\begin{cases} x_1 = a_{11}\sin\omega_1 t + b_{11}\cos\omega_1 t + a_{21}\sin\omega_2 t + b_{21}\cos\omega_2 t \\ x_2 = a_{12}\sin\omega_1 t + b_{12}\cos\omega_1 t + a_{22}\sin\omega_2 t + b_{22}\cos\omega_2 t \end{cases} \quad 7\text{-}13$$

と表すことができる。一方、前項で説明したように各固有角振動数で調和振動するとき、2つの振幅比は定まっていることから、上式は式7-11と式7-12の振幅比 λ_1 と λ_2 を用いて

$$\begin{cases} x_1 = a_{11}\sin\omega_1 t + b_{11}\cos\omega_1 t + a_{21}\sin\omega_2 t + b_{21}\cos\omega_2 t \\ x_2 = \lambda_1 a_{11}\sin\omega_1 t + \lambda_1 b_{11}\cos\omega_1 t + \lambda_2 a_{21}\sin\omega_2 t + \lambda_2 b_{21}\cos\omega_2 t \end{cases} \quad 7\text{-}14$$

と書き直すことができる。ここで、未定係数は a_{11}, a_{21}, b_{11}, b_{21} の4

つとなる。これらの値は初期条件

$$x_1(0)=x_{10},\ x_2(0)=x_{20},\ \dot{x}_1(0)=v_{10},\ \dot{x}_2(0)=v_{20} \qquad 7-15$$

から定められる。式 7-14 の時間 t に関する微分から

$$\begin{cases} \dot{x}_1 = a_{11}\omega_1\cos\omega_1 t - b_{11}\omega_1\sin\omega_1 t + a_{21}\omega_2\cos\omega_2 t - b_{21}\omega_2\sin\omega_2 t \\ \dot{x}_2 = \lambda_1 a_{11}\omega_1\cos\omega_1 t - \lambda_1 b_{11}\omega_1\sin\omega_1 t + \lambda_2 a_{21}\omega_2\cos\omega_2 t - \lambda_2 b_{21}\omega_2\sin\omega_2 t \end{cases}$$

$$7-16$$

を得る。式 7-14 ～式 7-16 より，

$$\begin{cases} x_1(0) = b_{11} + b_{21} = x_{10} \\ x_2(0) = \lambda_1 b_{11} + \lambda_2 b_{21} = x_{20} \\ \dot{x}_1(0) = a_{11}\omega_1 + a_{21}\omega_2 = v_{10} \\ \dot{x}_2(0) = \lambda_1 a_{11}\omega_1 + \lambda_2 a_{21}\omega_2 = v_{20} \end{cases} \qquad 7-17$$

となり，上式の連立方程式を解くことにより，未定係数 a_{11}, a_{21}, b_{11}, b_{21} は，

$$\begin{cases} a_{11} = \dfrac{v_{20} - \lambda_2 v_{10}}{\omega_1(\lambda_1 - \lambda_2)},\ a_{21} = \dfrac{\lambda_1 v_{10} - v_{20}}{\omega_2(\lambda_1 - \lambda_2)}, \\ b_{11} = \dfrac{x_{20} - \lambda_2 x_{10}}{\lambda_1 - \lambda_2},\ b_{21} = \dfrac{\lambda_1 x_{10} - x_{20}}{\lambda_1 - \lambda_2} \end{cases} \qquad 7-18$$

と求められる。

例題 7-3 例題 7-1 において，初期条件が

$$x_1(0)=1,\ x_2(0)=2,\ \dot{x}_1(0)=\dot{x}_2(0)=0$$

と与えられたとき，自由振動の解を求めよ。

解答 例題 7-1 と例題 7-2 の解と式 7-18 より，

$$a_{11} = \frac{v_{20} - \lambda_2 v_{10}}{\omega_1(\lambda_1 - \lambda_2)} = 0, \qquad a_{21} = \frac{\lambda_1 v_{10} - v_{20}}{\omega_2(\lambda_1 - \lambda_2)} = 0$$

$$b_{11} = \frac{x_{20} - \lambda_2 x_{10}}{\lambda_1 - \lambda_2} = \frac{2 - (-1) \times 1}{1 - (-1)} = \frac{3}{2}$$

$$b_{21} = \frac{\lambda_1 x_{10} - x_{20}}{\lambda_1 - \lambda_2} = \frac{1 \times 1 - 2}{1 - (-1)} = -\frac{1}{2}$$

と得られる。したがって，

$$x_1 = \frac{3}{2}\cos 10t - \frac{1}{2}\cos 10\sqrt{5}\,t,\quad x_2 = \frac{3}{2}\cos 10t + \frac{1}{2}\cos 10\sqrt{5}\,t$$

となる。

7　2　並進運動と回転運動から成る2自由度系

7-2-1　連成・非連成

　図7-5に示される質量m，重心まわりの慣性モーメントIの剛体が2つのばねで支持されている系を考える[*7]。ここで，xは重心の変位，θは重心の回転角である。この系は重心の並進（上下）運動と回転運動の2自由度系となる。

*7
これは章とびら図Aの車体の2自由度系モデルと等価である。

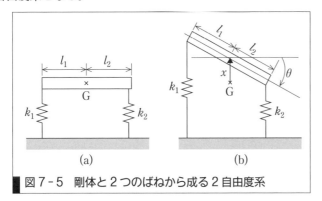

図7-5　剛体と2つのばねから成る2自由度系

　図7-5(b)より，ばねk_1，k_2の伸びはそれぞれ$x+l_1\theta$，$x-l_2\theta$となる。これより，並進運動の方程式は

$$m\ddot{x} = -k_1(x+l_1\theta) - k_2(x-l_2\theta) \qquad 7\text{-}19$$

と導かれる。また，時計回りを回転の正方向と定義しているので，ばねk_1，k_2によるモーメントはそれぞれ$-k_1(x+l_1\theta)l_1$，$k_2(x-l_2\theta)l_2$となる。これより，回転運動の方程式は

$$I\ddot{\theta} = -k_1(x+l_1\theta)l_1 + k_2(x-l_2\theta)l_2 \qquad 7\text{-}20$$

となる。式7-19，式7-20を整理すると次式を得る。

$$\begin{cases} m\ddot{x} + (k_1+k_2)x + (k_1l_1 - k_2l_2)\theta = 0 \\ I\ddot{\theta} + (k_1l_1 - k_2l_2)x + (k_1l_1^2 + k_2l_2^2)\theta = 0 \end{cases} \qquad 7\text{-}21$$

上式から，式7-3のように2つの運動，すなわち，並進運動と回転運動が連成していることがわかる。一方，上式で$k_1l_1 = k_2l_2$と設定すると

$$\begin{cases} m\ddot{x} + (k_1+k_2)x = 0 \\ I\ddot{\theta} + (k_1l_1^2 + k_2l_2^2)\theta = 0 \end{cases} \qquad 7\text{-}22$$

となる。上式は並進運動の方程式には変数xのみ，回転運動の方程式には変数θのみとなり，2つの振動は独立となる。このような系を**非連成系**（uncoupled system）といい，それぞれ1自由度系と同様に扱うことができる。この場合，並進運動と回転運動に関する固有角振動数はそれぞれ

$$\omega_x = \sqrt{\frac{k_1+k_2}{m}}, \quad \omega_\theta = \sqrt{\frac{k_1l_1^2 + k_2l_2^2}{I}} \qquad 7\text{-}23$$

と求められる。このように，2自由度系において連成項が存在しない場

合には数学的取り扱いが簡便となる。なお第 9 章では，多自由度系の運動方程式を非連成化する手法を学ぶので，基礎となるこの考え方をよく覚えておこう。

7-2-2 連成系の固有角振動数と固有振動モード

連成系の固有角振動数と固有振動モードを求めるにあたり，解を

$$x = X\sin\omega t, \quad \theta = \Theta\sin\omega t \qquad 7\text{-}24$$

と定義する。上式を式 7-21 に代入すると次式を得る。

$$\begin{cases} (k_1+k_2-m\omega^2)X + (k_1l_1-k_2l_2)\Theta = 0 \\ (k_1l_1-k_2l_2)X + (k_1l_1^2+k_2l_2^2-I\omega^2)\Theta = 0 \end{cases} \qquad 7\text{-}25$$

これより，振動数方程式は以下のように導かれる。

$$\begin{vmatrix} k_1+k_2-m\omega^2 & k_1l_1-k_2l_2 \\ k_1l_1-k_2l_2 & k_1l_1^2+k_2l_2^2-I\omega^2 \end{vmatrix} = \omega^4 - a\omega^2 + b = 0 \qquad 7\text{-}26$$

ここで，

$$a = \frac{m(k_1l_1^2+k_2l_2^2)+I(k_1+k_2)}{mI}, \quad b = \frac{k_1k_2(l_1+l_2)^2}{mI} \qquad 7\text{-}27$$

である。式 7-26 において ω^2 について解けば 2 つの固有角振動数 ω_1 と ω_2 が求められる。すなわち，

$$\omega_1^2 = \frac{a-\sqrt{a^2-4b}}{2}, \quad \omega_2^2 = \frac{a+\sqrt{a^2-4b}}{2} \qquad 7\text{-}28$$

となる。固有振動モードを表す振幅比は式 7-25 から

$$\left.\frac{X}{\Theta}\right|_{\omega=\omega_i} = -\frac{(k_1l_1-k_2l_2)}{(k_1+k_2-m\omega_i^2)} = -\frac{(k_1l_1^2+k_2l_2^2-I\omega_i^2)}{(k_1l_1-k_2l_2)} \quad (i=1,2)$$

$$7\text{-}29$$

と求められる。なお，X/Θ の単位は m/rad であり，この値は曲率半径を意味している。

例題 7-4 図 7-5 において，$m = 2\,\text{kg}$，$I = 1\,\text{kgm}^2$，$k_1 = 100\,\text{N/m}$，$k_2 = 250\,\text{N/m}$，$l_1 = l_2 = 1\,\text{m}$ のときの固有角振動数と固有振動モードを求めよ。

解答 式 7-27，式 7-28 より，

$$a = \frac{m(k_1l_1^2+k_2l_2^2)+I(k_1+k_2)}{mI}$$

$$= \frac{2(100\times 1^2 + 250\times 1^2) + 1\times(100+250)}{2\times 1} = 525$$

$$b = \frac{k_1k_2(l_1+l_2)^2}{mI} = \frac{100\times 250(1+1)^2}{2\times 1} = 50000$$

$$\omega_1{}^2 = \frac{a-\sqrt{a^2-4b}}{2} = \frac{525-\sqrt{525^2-4\times50000}}{2} = 125$$

$$\omega_2{}^2 = \frac{a+\sqrt{a^2-4b}}{2} = \frac{525+\sqrt{525^2-4\times50000}}{2} = 400$$

を得る。これより，$\omega_1 = 5\sqrt{5}$ rad/s，$\omega_2 = 20$ rad/s と固有角振動数が求められる。式 7-29 より，

$$\left.\frac{X}{\Theta}\right|_{\omega=\omega_1} = -\frac{(k_1 l_1 - k_2 l_2)}{(k_1 + k_2 - m\omega_1{}^2)} = -\frac{(100\times1 - 250\times1)}{(100+250-2\times125)}$$
$$= 1.5 \text{ m/rad}$$

$$\left.\frac{X}{\Theta}\right|_{\omega=\omega_2} = -\frac{(k_1 l_1 - k_2 l_2)}{(k_1 + k_2 - m\omega_2{}^2)} = -\frac{(100\times1 - 250\times1)}{(100+250-2\times400)}$$
$$= -0.333 \text{ m/rad}$$

と振幅比が求められる。この振動モード形状を図 7-6 に示す。1 次，2 次振動ではそれぞれ重心から右に 1.5 m，左に 0.333 m の点 O を中心とした回転運動が生じる。なお，2 次振動モードの点 O は剛体が振動しない点，すなわち，**振動の節**（node of vibration）となる。

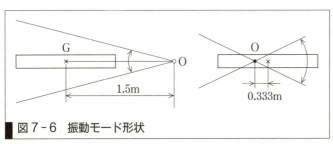

図 7-6 振動モード形状

演習問題 A　基本の確認をしましょう

7-A1 図アにおいて，$m_1 = 1$ kg，$m_2 = 2$ kg，$k = 100$ N/m のときの固有角振動数と振幅比を求めよ。

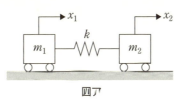

図ア

7-A2 図イにおいて，$m_1 = 1$ kg，$m_2 = 2$ kg，$k_1 = 10$ N/m，$k_2 = 20$ N/m のときの固有角振動数と振幅比を求めよ。

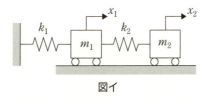

図イ

演習問題 B　もっと使えるようになりましょう

7-B1　図7-2を参考として，図ウの3自由度系の運動方程式を導出せよ。

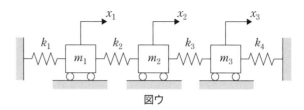

図ウ

7-B2　図エの2自由度系の運動方程式を導出せよ。

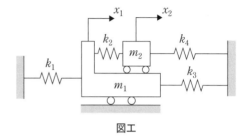

図エ

7-B3　図オに示されるように質量 m，長さ l の棒の左端がピン支持されている。この棒と質量 $4m$ から成る2自由度系の固有角振動数を求めよ。

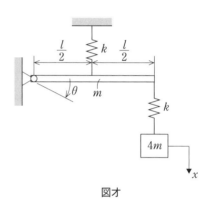

図オ

7-B4　図カに示されるような質量 m，半径 r の円柱と質量 $2m$ から成る2自由度系の固有角振動数と振幅比を求めよ。なお，図中の F' は円柱が滑らずに転がるときの摩擦力である。

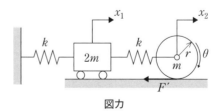

図カ

7-B5 図キの2自由度系の固有角振動数と振幅比を求めよ。ただし、棒の質量は無視する。

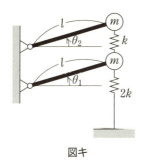

図キ

7-B6 図クのように2つの集中質量 m を付加した軽い棒が両端でばね支持されている。この系の固有角振動数を求めよ。

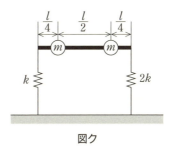

図ク

> **あなたがここで学んだこと**
>
> この章であなたが到達したのは
> □ 2自由度系の運動方程式から、2つの固有角振動数を求めることができる
> □ 各固有角振動数に対応する固有振動モードを求めることができる
> □ 2自由度系の連成・非連成振動が説明できる
>
> 本章では、非減衰系の2自由度系の自由振動解析を実施した。これより、2つの固有角振動数が存在することを学んだ。固有角振動数の数は、系の自由度数に一致する。そのため、n 自由度系では n 個の固有角振動数が存在する。このことを応用すると、章とびらで示したように、自動車の振動特性等を簡易的に求めることができる。また、ここで学んだことは、第10章で扱う弦や棒などの連続体の振動解析の基礎となる。

8章

2自由度系の振動 II

近年,東京スカイツリーに代表されるように超高層建築物が世界各国で建設されている。超高層建築物は,一般的な建築物と比べて軽量な素材で建築されており,地震や風などの外力が作用すると振動が生じやすい。

振動制振方法はアクティブ制振とパッシブ制振に大別することができる。アクティブ制振とは,センサを用いて振動を計測し,この情報を用いてアクチュエータで振動系に力を加えて振動を制御する手法である。一方,パッシブ制振は振動系に質量,ばね,ダンパなどを付加し,振動を抑制させるものである。パッシブ制振では,アクチュエータを用いないので,エネルギー不要で制振できる利点がある。スカイツリーにも風などの外乱からの揺れを抑制するパッシブ制振器が備えられている。そのモデル図を図Aに示す。図のように,建物の中にパッシブ制振器としてばね定数 k のばねと,粘性減衰係数 c のダンパで支持された質量 m の振動系を付加する。建物に外乱が作用すると,パッシブ制振器の質量が振動し,建物の振動が抑制されるしくみとなっている。この原理は2自由度振動系の強制振動解析から理解できる。

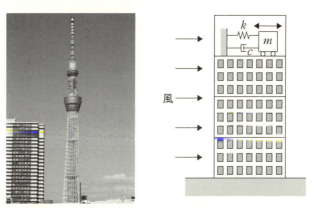

図A　パッシブ制振器の例

●この章で学ぶことの概要

初めに,調和外力が作用する2自由度系の運動方程式の導出について確認する。次に,運動方程式から定常振動解の求め方を学習する。そして,パッシブ制振の代表例である動吸振器の設計法を学習する。

> **予習　授業の前にやっておこう!!**
>
> 1. 図aに示されるような2つの質量 m_1, m_2 が2つのばね k_1, k_2 と2つのダンパ c_1, c_2 に接続された系がある。質量 m_2 に調和外力 $F\sin\omega t$ が作用するときの運動方程式が
> $$\begin{cases} m_1\ddot{x}_1 = -c_1\dot{x}_1 - k_1 x_1 - c_2(\dot{x}_1 - \dot{x}_2) - k_2(x_1 - x_2) \\ m_2\ddot{x}_2 = -c_2(\dot{x}_2 - \dot{x}_1) - k_2(x_2 - x_1) + F\sin\omega t \end{cases}$$
> となることを確認せよ。

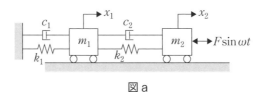

図a

8　1　強制振動

8-1-1　力入力を受ける強制振動

図8-1に示される2自由度系で質量 m_1 が調和外力 $F\sin\omega t$ を受けるときの応答について調べる。この系の運動方程式は次式となる。

$$\begin{cases} m_1\ddot{x}_1 = -k_1 x_1 - k_2(x_1 - x_2) + F\sin\omega t \\ m_2\ddot{x}_2 = -k_2(x_2 - x_1) \end{cases} \quad 8-1$$

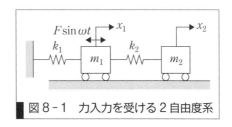

図8-1　力入力を受ける2自由度系

式8-1の微分方程式の解は一般解（自由振動解）と特解（強制振動解）の重ね合わせとなる。しかしながら、第4章で示したように強制振動においては自由振動よりも特解が支配的となる。そこで、ここでは特解のみを求めることとし、解 x_1, x_2 を

$$x_1 = X_1 \sin\omega t, \quad x_2 = X_2 \sin\omega t \quad 8-2$$

と仮定する。上式を式8-1の運動方程式に代入し整理すると

$$\begin{cases} (k_1 + k_2 - m_1\omega^2) X_1 - k_2 X_2 = F \\ -k_2 X_1 + (k_2 - m_2\omega^2) X_2 = 0 \end{cases} \quad 8-3$$

となる。この連立方程式を解くことにより、振幅 X_1, X_2 が求められる。すなわち、

$$\begin{cases} X_1 = \dfrac{\dfrac{F}{m_1}\left(\dfrac{k_2}{m_2}-\omega^2\right)}{\omega^4-\left(\dfrac{k_1+k_2}{m_1}+\dfrac{k_2}{m_2}\right)\omega^2+\dfrac{k_1 k_2}{m_1 m_2}} \\ X_2 = \dfrac{\dfrac{Fk_2}{m_1 m_2}}{\omega^4-\left(\dfrac{k_1+k_2}{m_1}+\dfrac{k_2}{m_2}\right)\omega^2+\dfrac{k_1 k_2}{m_1 m_2}} \end{cases} \qquad 8-4$$

ここで，ω を固有角振動数 ω_n とすれば分母 $= 0$ は振動数方程式となる[*1]。したがって，$\omega = \omega_1$ と $\omega = \omega_2$ では分母が 0 となり振幅が無限大，すなわち，共振状態となることがわかる。また，X_1 の分子から $\omega = \sqrt{k_2/m_2}$ のとき，質量 m_1 は調和外力を受けているにもかかわらずその振幅が 0，すなわち静止状態となる。これは多自由度振動系における特徴的な現象であり，この振動数を **反共振振動数**（anti-resonance frequency）という。

*1 **ヒント**
演習問題 7-A2 の解答を参照。

また，
$$\omega_{n1}=\sqrt{\dfrac{k_1}{m_1}}, \quad \omega_{n2}=\sqrt{\dfrac{k_2}{m_2}}, \quad X_{st}=\dfrac{F}{k_1} \qquad 8-5$$

と定義すると，式 8-4 は次式のように書き直すことができる。

$$\begin{cases} \dfrac{X_1}{X_{st}} = \dfrac{\omega_{n1}^2(\omega_{n2}^2-\omega^2)}{\omega^4-\left\{\omega_{n1}^2\left(1+\dfrac{k_2}{k_1}\right)+\omega_{n2}^2\right\}\omega^2+\omega_{n1}^2\omega_{n2}^2} \\ \dfrac{X_2}{X_{st}} = \dfrac{\omega_{n1}^2\omega_{n2}^2}{\omega^4-\left\{\omega_{n1}^2\left(1+\dfrac{k_2}{k_1}\right)+\omega_{n2}^2\right\}\omega^2+\omega_{n1}^2\omega_{n2}^2} \end{cases} \qquad 8-6$$

横軸に振動数 ω，縦軸に振幅 X_1/X_{st}，X_2/X_{st} をとった式 8-6 の概略図を図 8-2 に示す。ここで，ω_1 と ω_2 は 1 次，2 次の固有角振動数である。図より，振幅が負の値となっている振動数領域が存在する。この振動数領域では調和外力と逆向きの振動が生じていることを意味している。

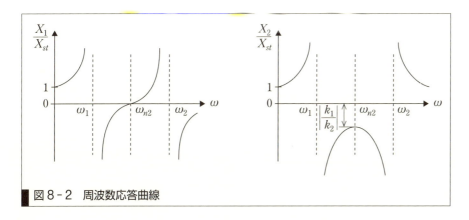

図 8-2　周波数応答曲線

8-1-2 変位入力を受ける強制振動

前項では，2自由度系が調和外力を受けるときの応答について調べた。ここでは，図8-3に示されるようにばね k_1 の左端が変位入力 $Y\sin\omega t$ を

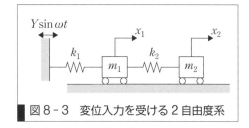

図8-3 変位入力を受ける2自由度系

受ける2自由度系の応答について調べてみよう。

質量 m_1 の運動方程式は

$$\begin{cases} m_1\ddot{x}_1 = -k_1(x_1 - Y\sin\omega t) - k_2(x_1 - x_2) \\ m_1\ddot{x}_1 + (k_1 + k_2)x_1 - k_2 x_2 = k_1 Y\sin\omega t \end{cases} \quad 8\text{-}7$$

と得られる。一方，質量 m_2 の運動方程式は

$$\begin{cases} m_2\ddot{x}_2 = -k_2(x_2 - x_1) \\ m_2\ddot{x}_2 + k_2(x_2 - x_1) = 0 \end{cases} \quad 8\text{-}8$$

となる。式8-7，式8-8と式8-1の比較から，この質量 m_2 の運動方程式は入力を受ける場合と一致していることがわかる。また，質量 m_1 の運動方程式に関しては，力入力の振幅 F が $k_1 Y$ と変化しただけである。したがって，式8-4の F を $k_1 Y$ に置き換えれば応答振幅は次式のように求められる。

$$\begin{cases} X_1 = \dfrac{\dfrac{k_1 Y}{m_1}\left(\dfrac{k_2}{m_2} - \omega^2\right)}{\omega^4 - \left(\dfrac{k_1+k_2}{m_1} + \dfrac{k_2}{m_2}\right)\omega^2 + \dfrac{k_1 k_2}{m_1 m_2}} \\ X_2 = \dfrac{\dfrac{k_1 k_2 Y}{m_1 m_2}}{\omega^4 - \left(\dfrac{k_1+k_2}{m_1} + \dfrac{k_2}{m_2}\right)\omega^2 + \dfrac{k_1 k_2}{m_1 m_2}} \end{cases} \quad 8\text{-}9$$

この場合も振動数 $\omega = \sqrt{k_2/m_2}$ のとき，質量 m_1 は変位入力を受けているにもかかわらず静止する。

例題 8-1 図8-4に示される2自由度系を考える。質量 m が調和外力を受けるとき，定常振動時の2つの質量の応答振幅を求めよ。ついで，質量 m が静止する外力の振動数と，このときの質量 $2m$ の応答振幅の大きさを求めよ。

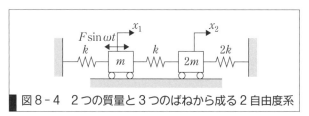

図8-4 2つの質量と3つのばねから成る2自由度系

解答 この系の運動方程式は，

$$\begin{cases} m\ddot{x}_1 = -kx_1 - k(x_1 - x_2) + F\sin\omega t \\ 2m\ddot{x}_2 = -k(x_2 - x_1) - 2kx_2 \end{cases} \quad \cdots ①$$

となる．上式を展開すると次のようになる．

$$\begin{cases} m\ddot{x}_1 + 2kx_1 - kx_2 = F\sin\omega t \\ 2m\ddot{x}_2 - kx_1 + 3kx_2 = 0 \end{cases} \quad \cdots ②$$

定常振動解を，

$$x_1 = X_1\sin\omega t, \ x_2 = X_2\sin\omega t \quad \cdots ③$$

と仮定し，式②に代入すると次式を得る．

$$\begin{cases} (2k - m\omega^2)X_1 - kX_2 = F \\ -kX_1 + (3k - 2m\omega^2)X_2 = 0 \end{cases} \quad \cdots ④$$

上式から，応答振幅 X_1, X_2 が求められる．

$$\begin{cases} X_1 = \dfrac{F(3k - 2m\omega^2)}{(2k - m\omega^2)(3k - 2m\omega^2) - k^2} \\ X_2 = \dfrac{Fk}{(2k - m\omega^2)(3k - 2m\omega^2) - k^2} \end{cases} \quad \cdots ⑤$$

式⑤の上式から，X_1 が 0 となる条件は $(3k - m\omega^2) = 0$ と得られる．ゆえに，質量 m が静止する振動数は

$$\omega = \sqrt{\dfrac{3k}{2m}} \quad \cdots ⑥$$

と求められる．式⑥を式⑤の右式 X_2 に代入すると，質量 $2m$ の応答振幅 X_2 は，次のように得られる．

$$X_2\bigg|_{\omega=\sqrt{\frac{3k}{m}}} = \dfrac{Fk}{\left(2k - m \times \dfrac{3k}{2m}\right)\left(3k - 2m \times \dfrac{3k}{2m}\right) - k^2} = \dfrac{F}{k}$$

したがって，質量 $2m$ の応答振幅の大きさは F/k となる．

8　2　動吸振器

前節で 2 つの質量から成る 2 自由度系において，調和外力が作用する質量が静止する振動数が存在することを明らかにした．この節では，この現象を利用して調和外力を受ける振動系の振動を抑制する**動吸振器** (dynamic damper)[*2] について学習する．

図 8-5 は動吸振器の力学モデル図である．図に示されるように，質量 M，ばね K から成る主振動系[*3] に調和外力が作用する．この振動を抑制するために，副振動系として質量 m，ばね k，ダンパ c を付加する．この副振動系が動吸振器である．なお，調和外力の振動数が既知で一定である場合には，ダンパ c を付加しなくても十分な制振効果が得られる．

[*2]
マスダンパ (mass damper) あるいはチューンドマスダンパ (tuned mass damper: TMD) ともいう．

[*3]
一般的に主振動系の減衰が非常に小さい場合が多いので，ここでは減衰を無視することとする．

一方，調和外力の振動数が変化する場合，幅広い振動数領域で主振動系の応答を抑制するためにダンパ c が付加される。この系の運動方程式は

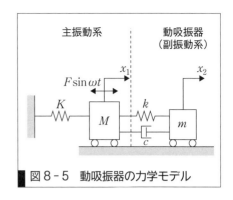

図8-5 動吸振器の力学モデル

$$\begin{cases} M\ddot{x}_1 = -Kx_1 - c(\dot{x}_1 - \dot{x}_2) - k(x_1 - x_2) + F\sin\omega t \\ m\ddot{x}_2 = -c(\dot{x}_2 - \dot{x}_1) - k(x_2 - x_1) \end{cases} \quad 8-10$$

となる。上式の定常解を求めるうえで $\sin\omega t$ を複素数 $e^{j\omega t}$ とおくこととする。このとき，式8-10は次式のように書き直すことができる。

$$\begin{cases} M\ddot{x}_1 + c(\dot{x}_1 - \dot{x}_2) + (K+k)x_1 - kx_2 = Fe^{j\omega t} \\ m\ddot{x}_2 + c(\dot{x}_2 - \dot{x}_1) + k(x_2 - x_1) = 0 \end{cases} \quad 8-11$$

そして，上式の解を

$$x_1 = X_1 e^{j\omega t}, \quad x_2 = X_2 e^{j\omega t} \quad 8-12$$

とおくと，この虚部が調和外力 $F\sin\omega t$ を受ける解となる[*4]。式8-12を式8-11に代入すると，

$$\begin{cases} (K+k+jc\omega - M\omega^2)X_1 - (k+jc\omega)X_2 = F \\ -(k+jc\omega)X_1 + (k+jc\omega - m\omega^2)X_2 = 0 \end{cases} \quad 8-13$$

となり，上式から X_1, X_2 が求められる。

$$X_1 = \frac{F(k-m\omega^2+jc\omega)}{a+jb}, \quad X_2 = \frac{F(k+jc\omega)}{a+jb} \quad 8-14$$

ここで，

$$a = (K-M\omega^2)(k-m\omega^2) - mk\omega^2, \quad b = c\omega\{K-(M+m)\omega^2\} \quad 8-15$$

である。式8-14より，応答振幅 X_1, X_2 は複素数となる。これを極座標形式で表すと[*5]

$$\begin{cases} X_1 = \overline{X}_1 e^{-j\phi_1} = \sqrt{\dfrac{(k-m\omega^2)^2+(c\omega)^2}{a^2+b^2}} Fe^{-j\phi_1} \\ X_2 = \overline{X}_2 e^{-j\phi_2} = \sqrt{\dfrac{k^2+(c\omega)^2}{a^2+b^2}} Fe^{-j\phi_2} \end{cases} \quad 8-16$$

を得る。ここで，ϕ_1 と ϕ_2 は

$$\phi_1 = \tan^{-1}\left\{\frac{-c\omega a+(k-m\omega^2)b}{(k-m\omega^2)a+c\omega b}\right\}, \quad \phi_2 = \tan^{-1}\left\{\frac{-c\omega a+kb}{ka+c\omega b}\right\} \quad 8-17$$

と定義される。これより，式8-12は

$$x_1 = X_1 e^{j\omega t} = \overline{X}_1 e^{j(\omega t-\phi_1)}, \quad x_2 = X_2 e^{j\omega t} = \overline{X}_2 e^{j(\omega t-\phi_2)} \quad 8-18$$

となる。定常振動解は上式の虚部となり

[*4] **ヒント**
オイラーの公式
$e^{j\theta} = \cos\theta + j\sin\theta$
を利用する。

[*5] 複素数 $z=x+jy$ の極座標表示は
$z = re^{j\theta}$
となる。ここで，
$r = \sqrt{x^2+y^2}$
$\tan\theta = \dfrac{y}{x}$
である。

$$x_1 = \overline{X}_1 \sin(\omega t - \phi_1),\ x_2 = \overline{X}_2 \sin(\omega t - \phi_2) \qquad 8-19$$

となる。

また，パラメータ

$$\begin{cases} \omega_{n1} = \sqrt{\dfrac{K}{M}},\ \omega_{n2} = \sqrt{\dfrac{k}{m}},\ \kappa = \dfrac{\omega_{n2}}{\omega_{n1}},\ \zeta = \dfrac{c}{2m\omega_{n1}}, \\ X_{st} = \dfrac{F}{K},\ \gamma = \dfrac{\omega}{\omega_{n1}},\ \mu = \dfrac{m}{M} \end{cases} \qquad 8-20$$

を用いると，主振動系の振幅は

$$\overline{X}_1 = X_{st}\sqrt{\dfrac{(\kappa^2 - \gamma^2)^2 + (2\zeta\gamma)^2}{\{(1-\gamma^2)(\kappa^2-\gamma^2) - \mu\kappa^2\gamma^2\}^2 + (2\zeta\gamma)^2\{1-(1+\mu)\gamma^2\}^2}}$$
$$8-21$$

と表すことができる。固有振動数比を $\kappa = 1.0$，質量比を $\mu = 0.2$ とし，横軸に振動数比 γ（外力振動数と主振動系の固有角振動数との比），縦軸に振幅比 $\overline{X}_1/X_{st}$ をとった式 8-21 の概略図を図 8-6 に示す[*6]。

[*6] 前節から理解できるように，ダンパが付加されない場合（$\zeta = 0$）では振動数比が 1 のとき主振動系の振幅が 0 となる。

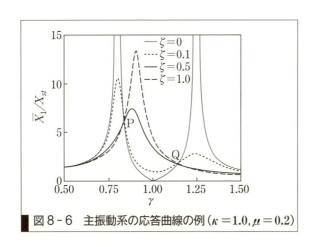

図 8-6 主振動系の応答曲線の例（$\kappa = 1.0, \mu = 0.2$）

図に示されるように，減衰比 ζ を変化させても振幅比が変化しない振動数比が 2 つ存在する（図中の点 P, Q）。この 2 つの点を定点という。動吸振器は，2 つの定点での振幅比を同一とし（最適同調），かつ，定点で振幅比が最大となる（最適減衰）よう設計される[*7]。最適同調の条件は，

$$\kappa = \dfrac{1}{1+\mu} \qquad 8-22$$

となる。式 8-22 は質量比 μ から固有振動数比 κ が定められることを意味している。また，このときの定点での振幅比は次式となる。

$$\left.\dfrac{\overline{X}_1}{X_{st}}\right|_{\gamma = \gamma_P = \gamma_Q} = \sqrt{\dfrac{2+\mu}{\mu}} \qquad 8-23$$

式 8-23 は主振動系の最大振幅を示しており，これを減少させるには質量比 μ（副振動系の質量 m）を増加させる必要がある。しかしながら，構造上の理由から質量比 μ の上限を 0.1 程度としている。

[*7] Let's TRY!
式 8-22，式 8-23 および式 8-24 を導出してみよう。

一方，最適減衰の条件は

$$\zeta = \sqrt{\frac{3\mu}{8(1+\mu)^3}} \qquad 8\text{-}24$$

となる[*8]。したがって，式 8-22, 式 8-24 を満足するよう動吸振器を設計すればよい。

[*8] 厳密には 2 つの定点が同時に極大となる減衰比 ζ は存在しない。各定点で極大値をとる減衰比の平均値として式 8-24 が与えられる。

例題 8-2 調和外力を受ける質量 $M = 20\,\mathrm{kg}$, ばね定数 $K = 1\,\mathrm{kN/m}$ の主振動系がある。質量比 $\mu = 0.1$ とし，動吸振器を最適同調と最適減衰の条件から設計せよ。

解答 動吸振器の質量 m は

$$m = \mu M = 0.1 \times 20 = 2\,\mathrm{kg}$$

となる。式 8-22 より，

$$\kappa = \frac{\omega_{n2}}{\omega_{n1}} = \frac{1}{1+\mu}$$

$$\omega_{n2} = \frac{1}{1+\mu}\omega_{n1}$$

$$\sqrt{\frac{k}{m}} = \frac{1}{1+\mu}\sqrt{\frac{K}{M}}$$

$$k = \left(\frac{1}{1+\mu}\right)^2 \mu K = \left(\frac{1}{1+0.1}\right)^2 \times 0.1 \times 1000 = 82.6\,\mathrm{N/m}$$

となり，式 8-24 から，

$$\zeta = \frac{c}{2m\omega_{n1}} = \sqrt{\frac{3\mu}{8(1+\mu)^3}}$$

$$c = 2m\sqrt{\frac{K}{M}}\sqrt{\frac{3\mu}{8(1+\mu)^3}}$$

$$= 2 \times 2 \times \sqrt{\frac{1000}{20}} \times \sqrt{\frac{3 \times 0.1}{8 \times (1+0.1)^3}}$$

$$= 4.75\,\mathrm{Ns/m}$$

となる。以上から，動吸振器のばね定数 $k = 82.6\,\mathrm{N/m}$, 粘性減衰係数 $c = 4.75\,\mathrm{Ns/m}$ と求められる。なお，主振動系の最大振幅比は式 8-23 から

$$\left.\frac{\overline{X_1}}{X_{st}}\right|_{\max} = \sqrt{\frac{2+\mu}{\mu}} = \sqrt{\frac{2+0.1}{0.1}} = 4.58$$

が得られる。このときの主振動系の周波数応答曲線を図 8-7 に示す[*9]。このように最適同調と最適減衰の 2 つの条件を満たすように動吸振器を設計すれば，広い周波数領域で応答振幅がおさえられることがわかる[*10]。

[*9]
$$\zeta = \sqrt{\frac{3\mu}{8(1+\mu)^3}}$$
$$= \sqrt{\frac{3 \times 0.1}{8 \times (1+0.1)^3}}$$
$$= 0.168$$

[*10] $\zeta = 0$（ダンパなし）のとき，振動数比 γ が点 P より減少あるいは点 Q より増加すると共振が生じる。これより，ダンパを付加することで広い周波数領域で応答振幅が抑制されることが理解できる。

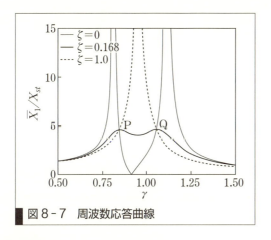

図 8-7　周波数応答曲線

演習問題　A　基本の確認をしましょう

8-A1　図アに示される 2 自由度系を考える。質量 m が調和外力を受けるとき、定常振動時の 2 つの質量の応答振幅を求めよ。

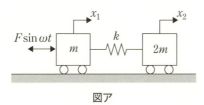

図ア

8-A2　図イに示される 2 自由度系を考える。質量 $3m$ が調和外力を受けるとき、定常振動時の 2 つの質量の応答振幅を求めよ。また、質量 $3m$ が静止する外力の振動数と、このときの質量 m の応答振幅の大きさを求めよ。

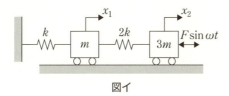

図イ

8-A3　調和外力を受ける質量 $M = 45\,\mathrm{kg}$、ばね定数 $K = 10\,\mathrm{kN/m}$ の主振動系がある。主振動系の最大振幅比が 5 以下となる動吸振器を最適同調と最適減衰の条件から設計せよ。

演習問題　B　もっと使えるようになりましょう

8-B1 図ウに示される2自由度系を考える。質量 $2m$ が調和外力を受けるとき，定常振動時の2つの棒の応答振幅を求めよ。

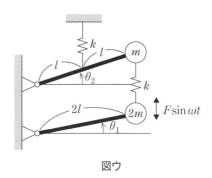

図ウ

8-B2 図エの調和外力を受ける2自由度系の定常振動解を求めよ。

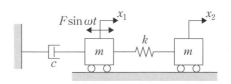

図エ

あなたがここで学んだこと

この章であなたが到達したのは

- □ 調和外力を受ける2自由度系の定常振動解を求めることができる
- □ 非減衰系の2自由度系において，調和外力が作用しているにもかかわらず静止する振動数が存在することを説明できる
- □ 最適同調と最適減衰の条件から動吸振器の設計ができる

2自由度系の定常振動解を求めるうえで，数式展開が煩雑かもしれない。しかしながら，根気よく数式を追って理解を十分に深めてほしい。本章では，パッシブ制振の代表例として動吸振器の設計法を学んだ。この原理は東京スカイツリーの制振技術にも適用されており，振動制振法の有効な一手段である。

9章 2自由度系の振動解析

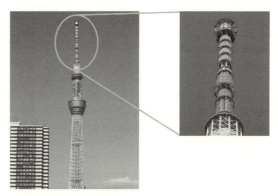

図A　東京スカイツリー

　東京スカイツリーは高さが634 mあり日本で最も高い建築物である。このスカイツリーには2つの制振装置が取りつけてある。1つはスカイツリー最上部にあるアンテナ支持塔の先端にあり，風によるアンテナの振動を抑制するためのものである。もう1つは，筒状のスカイツリーの中心に立つ，375 mの心柱である。この心柱は全長のうち下部1/3はスカイツリーに固定されており，残りの上部2/3がスカイツリーと相対運動することで地震による振動を制振することができる。前章までに，2自由度系の振動について学習したが，実際の構造物はこのスカイツリーのように，より大きな自由度のものについて考える場合が多い。

　地震や風などによりビルが振動する場合，その振動はどのモードの影響がどの程度含まれているか把握する必要がある。さらに，前章で学んだ動吸振器による制振を試みる場合，ビルのどの部分にどの程度の質量比の動吸振器を取りつけると効果が一番大きいか判断と迫られる。

●**この章で学ぶことの概要**

　本章では，上記の課題を解決するべく，モード解析について学習する。モード解析を行えば，大きい自由度の振動問題を簡単に解くことができるようになり，各モードの影響度をはかることができるようになる。また，重要なモードを選定可能にすることにより，自由度を縮小した解析が可能になり，計算時間やコストの削減につなげることができる。

予習 授業の前にやっておこう!!

1. 図aに示す慣性モーメント I_1, I_2 の2つの円板が，ねじりばね定数 K_1, K_2 の2つの軸に接続されている。この2自由度ねじり振動系の運動方程式が

$I_1\ddot{\theta}_1 + (K_1 + K_2)\theta_1 - K_2\theta_2 = 0, \quad I_1\ddot{\theta}_1 = -(K_1 + K_2)\theta_1 + K_2\theta_2$

$I_2\ddot{\theta}_2 - K_2\theta_1 + K_2\theta_2 = 0, \quad I_2\ddot{\theta}_2 = K_2\theta_1 - K_2\theta_2$

となることを説明せよ。

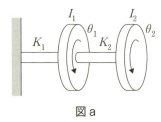

図a

9 1 運動方程式のマトリクス表示

7-1節の図7-1の2自由度系について再び考える。運動方程式を整理すると，以下のように表される。

$$\begin{cases} m_1\ddot{x}_1 + (k_1 + k_2)x_1 - k_2 x_2 = 0 \\ m_2\ddot{x}_2 - k_2 x_1 + (k_2 + k_3)x_2 = 0 \end{cases} \quad 9-1$$

7-1節で前述したとおり，この振動系は連成系である。

また，式9-1をマトリクス表示[*1]すると，以下のようになる。

$$\begin{bmatrix} m_1 & 0 \\ 0 & m_2 \end{bmatrix}\begin{Bmatrix} \ddot{x}_1 \\ \ddot{x}_2 \end{Bmatrix} + \begin{bmatrix} k_1+k_2 & -k_2 \\ -k_2 & k_2+k_3 \end{bmatrix}\begin{Bmatrix} x_1 \\ x_2 \end{Bmatrix} = \begin{Bmatrix} 0 \\ 0 \end{Bmatrix} \quad 9-2$$

連成系の場合，剛性マトリクスの非対角項の要素は0でない。

式9-2は，簡潔に次のように表すことができる。

$$\boldsymbol{M}\ddot{\boldsymbol{x}} + \boldsymbol{K}\boldsymbol{x} = \boldsymbol{0} \quad 9-3$$

ここで，$\boldsymbol{x}$ は変位ベクトル，$\boldsymbol{M}$ は質量マトリクス，$\boldsymbol{K}$ は剛性マトリクスと呼ぶ。この問題では，これらは以下のように与えられる。

$$\boldsymbol{x} = \begin{Bmatrix} x_1 \\ x_2 \end{Bmatrix}, \quad \boldsymbol{M} = \begin{bmatrix} m_1 & 0 \\ 0 & m_2 \end{bmatrix}, \quad \boldsymbol{K} = \begin{bmatrix} k_1+k_2 & -k_2 \\ -k_2 & k_2+k_3 \end{bmatrix} \quad 9-4$$

式9-3の自由振動解について考える。基本解を以下のようにおく。

$$\boldsymbol{x} = \boldsymbol{X}\sin\omega t, \quad \boldsymbol{X} = \{X_1, X_2\}^T \quad 9-5$$

ここで，T は転置を表す。この基本解を式9-3に代入すると，次式を得る。

$$[\boldsymbol{K} - \omega^2 \boldsymbol{M}]\boldsymbol{X} = \boldsymbol{0} \quad 9-6$$

$\boldsymbol{X} = \boldsymbol{0}$ 以外の解[*2]を得るためには以下を満たす必要がある。

$$|\boldsymbol{K} - \omega^2 \boldsymbol{M}| = 0 \quad 9-7$$

式9-7は式7-6と同様であり，**振動数方程式**という。ω^2 について求

[*1] 行列表示ともいう。多自由度系の問題を扱う場合は，計算機を用いて計算を行うこともあるため，マトリクス表示すると計算が行いやすい。

[*2] Let's TRY!
$\boldsymbol{X} = \boldsymbol{0}$ の解は実際どのような状態を表すか，考えてみよう！

めると，2自由度系の場合 ω^2 に対する2次の方程式となる．また，n 自由度系の場合，n 次の方程式となり，次数が大きくなると手計算では対応できなくなる[*3]．振動数方程式から求められた ω は**固有角振動数**を表し，求められた ω を再び式9-6に代入することで，それぞれ ω に対する X が得られる．このとき，X は**固有振動モード**[*4] といい，X_1 と X_2 の比を表す．1つの固有振動数に対して，1つの固有振動モードが存在する．これらはまとめて**固有ペア**[*5] と呼ばれる．以上の計算は数学的に，一般固有値問題と呼ばれる．

[*3] **+αプラスアルファ**
次数が大きくなる場合は ω^2 の関数を $f(\omega^2)$ とし，$f(\omega^2)=0$ となる ω^2 を二分法やニュートン法を用いて数値計算で求める．

[*4] **+αプラスアルファ**
固有振動モードの意味
そのモードに対してそれぞれの変位の振幅比が決まるだけで，その大きさは決定されない．また，固有ベクトルを求める場合，ガウスの消去法やヤコビ法を用いて連立方程式を解く．

[*5] **Don't Forget!!**
この固有ペアは，自由度の数と必ず等しい数だけ存在することを覚えておこう！

例題 9-1 7-1節の図7-1の2自由度系について $m_1 = m_2 = 1\,\text{kg}$，$k_1 = k_2 = k_3 = 1\,\text{N/m}$ のとき固有角振動数および固有振動モードを求めよ．

解答 式9-6から，次式のようになる．

$$\begin{bmatrix} k_1+k_2-\omega^2 m_1 & -k_2 \\ -k_2 & k_2+k_3-\omega^2 m_1 \end{bmatrix} \begin{Bmatrix} X_1 \\ X_2 \end{Bmatrix} = \begin{Bmatrix} 0 \\ 0 \end{Bmatrix}$$

$m_1 = m_2 = 1\,\text{kg}$，$k_1 = k_2 = k_3 = 1\,\text{N/m}$ を代入し，行列式を展開すると，以下の振動数方程式を得る．

$$(2-\omega^2)^2 - 1 = 0$$

ω について求めると，

$$2-\omega^2 = \pm 1$$
$$\omega^2 = 1,\ 3$$

となる．したがって，$\omega_1 = 1\,\text{rad/s}$，$\omega_2 = \sqrt{3}\,\text{rad/s}$ が得られる．

$\omega_1 = 1\,\text{rad/s}$ のとき，式9-6に代入して，

$$\begin{bmatrix} 1 & -1 \\ -1 & 1 \end{bmatrix} \begin{Bmatrix} X_1 \\ X_2 \end{Bmatrix} = \begin{Bmatrix} 0 \\ 0 \end{Bmatrix}$$

となる．以上から，$X_1 = 1$ としたとき，$X_2 = 1$ となる．よって，1次の固有振動モードは，

$$\begin{Bmatrix} X_1 \\ X_2 \end{Bmatrix} = \begin{Bmatrix} 1 \\ 1 \end{Bmatrix}$$

となる．同様にして，$\omega_2 = \sqrt{3}\,\text{rad/s}$ のとき2次の固有モードは，

$$\begin{Bmatrix} X_1 \\ X_2 \end{Bmatrix} = \begin{Bmatrix} 1 \\ -1 \end{Bmatrix}$$

となる．

以上の固有振動モード形状を図9-1に示す．

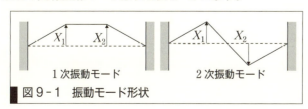

図9-1 振動モード形状

9・2 固有振動モードの直交性

1次の固有角振動数 ω_1 に対する固有振動モードを $X_1 = [X_{11}, X_{21}]^T$, 2次の固有角振動数 ω_2 に対する固有振動モードを $X_2 = [X_{12}, X_{22}]^T$ とした場合, $\omega_1 \neq \omega_2$ のとき次式を満たす.

$$X_1^T M X_2 = 0, \quad X_1^T K X_2 = 0 \qquad 9\text{-}8$$

式9-8は，相異なる固有振動モードを質量マトリクスあるいは剛性マトリクスに掛け合わせることで0になることを意味する．これは，例題9-1で求めた，1次および2次の固有振動モードのように，それぞれ相異なる固有振動モードはたがいに直交するベクトルであることに起因する．これを**固有振動モードの直交性**[*6]と呼ぶ．さらに，同じ固有振動モードどうしを質量マトリクスあるいは剛性マトリクスに掛け合わせた場合0にはならず，以下のようになる．

$$\begin{cases} X_1^T M X_1 = \overline{m}_1, & X_1^T K X_1 = \overline{k}_1 \\ X_2^T M X_2 = \overline{m}_2, & X_2^T K X_2 = \overline{k}_2 \end{cases} \qquad 9\text{-}9$$

このときの $\overline{m}_1$ および $\overline{m}_2$ をそれぞれ1次および2次のモード質量, $\overline{k}_1$ および $\overline{k}_2$ をそれぞれ1次および2次のモード剛性と呼ぶ．

[*6] WebにLink
n 自由度系の固有振動モードの直交性についてはLinkを参照．

例題 9-2 7-1節の図7-1の2自由度系について例題9-1で求めた固有振動モードを用いて式9-8が成り立つことを確認せよ．また，1次および2次のモード質量およびモード剛性を求めよ．

解答 式9-8から,

$$X_2^T M X_1 = \{1 \quad -1\} \begin{bmatrix} 1 & 0 \\ 0 & 1 \end{bmatrix} \begin{Bmatrix} 1 \\ 1 \end{Bmatrix} = 0$$

$$X_2^T K X_1 = \{1 \quad -1\} \begin{bmatrix} 2 & -1 \\ -1 & 2 \end{bmatrix} \begin{Bmatrix} 1 \\ 1 \end{Bmatrix} = 0$$

となる．よって，固有振動モードの直交性が成り立つ．

1次および2次のモード質量は，式9-9から

$$\overline{m}_1 = X_1^T M X_1 = \{1 \quad 1\} \begin{bmatrix} 1 & 0 \\ 0 & 1 \end{bmatrix} \begin{Bmatrix} 1 \\ 1 \end{Bmatrix} = 2$$

$$\overline{m}_2 = X_2^T M X_2 = \{1 \quad -1\} \begin{bmatrix} 1 & 0 \\ 0 & 1 \end{bmatrix} \begin{Bmatrix} 1 \\ -1 \end{Bmatrix} = 2$$

となる．同様に，1次および2次のモード剛性は，

$$\overline{k}_1 = X_1^T K X_1 = \{1 \quad 1\} \begin{bmatrix} 2 & -1 \\ -1 & 2 \end{bmatrix} \begin{Bmatrix} 1 \\ 1 \end{Bmatrix} = 2$$

$$\overline{k}_2 = X_2^T K X_2 = \{1 \quad -1\} \begin{bmatrix} 2 & -1 \\ -1 & 2 \end{bmatrix} \begin{Bmatrix} 1 \\ -1 \end{Bmatrix} = 6 \quad \text{となる．}$$

9・3 モード座標

次に，**モード解析**（modal analysis）について説明する。ここでは 9-2 節で学習した固有振動モードの直交性を利用し，式 9-3 をモード解析を用いて解く。まず，式 9-3 の物理座標を以下のような新しい座標に変換する。

$$x = [X]\xi, \quad \xi = \{\xi_1, \xi_2\}^T \qquad 9-10$$

ここで，$[X]$ は**モード行列**（modal matrix）と呼ばれ，9-1 節で求めた固有振動モードを以下のように並べることによって作られる行列を表す。

$$[X] = [X_1, X_2] \qquad 9-11$$

また，ξ は**モード座標**（modal coordinate）と呼び，各固有振動モードがどの程度寄与するかの度合いを表す。つまり，式 9-10 および式 9-11 から物理座標 x は各固有振動モード X_r にモード座標 ξ_r を掛け合わせそれらをすべて足し合わせたものとして表現され，以下のようにも表される。

$$x = \sum_{r=1}^{2} X_r \xi_r = X_1 \xi_1 + X_2 \xi_2 \qquad 9-12$$

ここで，未知の変数は ξ であり，ξ を求めれば，式 9-12 から物理座標 x を求めることができる。以下に，ξ の求め方を説明する。

式 9-10 を式 9-3 に代入し，さらに $[X]^T$ をその両辺に左から掛けると以下のような式になる。

$$[X]^T M [X] \ddot{\xi} + [X]^T K [X] \xi = 0 \qquad 9-13$$

ここで，式 9-8 の固有振動モードの直交性を利用すると，$[X]^T M [X]$ および $[X]^T K [X]$ は相異なる固有振動モードをそれぞれ質量マトリクスおよび剛性マトリクスに掛け合わせた場合は 0 となり，逆に，同じ固有振動モードどうしを掛けたものだけが次式のように残る。

$$\begin{bmatrix} \overline{m}_1 & 0 \\ 0 & \overline{m}_2 \end{bmatrix} \begin{Bmatrix} \ddot{\xi}_1 \\ \ddot{\xi}_2 \end{Bmatrix} + \begin{bmatrix} \overline{k}_1 & 0 \\ 0 & \overline{k}_2 \end{bmatrix} \begin{Bmatrix} \xi_1 \\ \xi_2 \end{Bmatrix} = \begin{Bmatrix} 0 \\ 0 \end{Bmatrix} \qquad 9-14$$

ここで，$\overline{m}_1$，$\overline{m}_2$ および $\overline{k}_1$，$\overline{k}_2$ はそれぞれ式 9-9 で求めた，1 次と 2 次のモード質量およびモード剛性である。さらに，式 9-14 に注目すると，非連成系となっており，以下のような 2 つの 1 自由度系の運動方程式で表される。

$$\begin{cases} \overline{m}_1 \ddot{\xi}_1 + \overline{k}_1 \xi_1 = 0 \\ \overline{m}_2 \ddot{\xi}_2 + \overline{k}_2 \xi_2 = 0 \end{cases} \qquad 9-15$$

つまり，式 9-1 で示した 2 自由度連成系の運動方程式の解を直接求めることは計算が煩雑になるのに対し，モード座標および固有振動モードの直交性を利用することで，式 9-15 のように 2 つの 1 自由度系の運動方程式に分離でき，計算を容易にすることができた。以上のような解

析手法をモード解析と呼ぶ。

式9-15の一般解はそれぞれ以下のようになる。

$$\begin{cases} \xi_1 = A_1 \cos \omega_1 t + B_1 \sin \omega_1 t \\ \xi_2 = A_2 \cos \omega_2 t + B_2 \sin \omega_2 t \end{cases} \quad 9\text{-}16$$

$$\omega_1 = \sqrt{\frac{\bar{k}_1}{\bar{m}_1}}, \quad \omega_2 = \sqrt{\frac{\bar{k}_2}{\bar{m}_2}} \quad 9\text{-}17$$

ここで、ω_1, ω_2 はそれぞれ1次と2次の固有角振動数であり[*7]、A_1, B_1, A_2, B_2 は初期条件から求められる。式9-16からモード座標 ξ が明らかになり、式9-12に代入することでもとの物理座標に戻すと以下のようになる。

$$\begin{aligned} \boldsymbol{x} &= \boldsymbol{X}_1 \xi_1 + \boldsymbol{X}_2 \xi_2 \\ &= \boldsymbol{X}_1(A_1 \cos \omega_1 t + B_1 \sin \omega_1 t) + \boldsymbol{X}_2(A_2 \cos \omega_2 t + B_2 \sin \omega_2 t) \quad 9\text{-}18 \end{aligned}$$

式9-18の第1項および第2項はそれぞれ1次および2次の固有角振動数成分に対する振動波形を表す。以上から、モード解析は n 自由度系の問題を座標変換することで n 個の1自由度系の問題へ分離でき、それぞれの解を重ね合わせることでもとの物理座標を求めることができる。

[*7] **Let's TRY!!**
式9-17から例題9-2で求めたモード質量とモード剛性を用いて例題9-1で求めた固有角振動数と同じになることを確かめておこう！

例題 9-3 例題9-1について、初期条件が $t=0$ で $x_1 = 1$ m, $x_2 = 0$ m, $\dot{x}_1 = 0$ m/s, $\dot{x}_2 = 0$ m/s で与えられるとき、式9-18から自由振動応答 x_1, x_2 を求めよ。

解答 式9-15から、次式が得られる。

$$2\ddot{\xi}_1 + 2\xi_1 = 0$$
$$2\ddot{\xi}_2 + 6\xi_2 = 0$$

$\omega_1 = \sqrt{2/2} = 1$ rad/s, $\omega_2 = \sqrt{6/2} = \sqrt{3}$ rad/s から一般解は

$$\xi_1 = A_2 \cos t + B_1 \sin t$$
$$\xi_2 = A_2 \cos \sqrt{3}\, t + B_2 \sin \sqrt{3}\, t$$

となる。初期条件から、$t=0$ で

$$\xi_1 = A_1 \cos 0 + B_1 \sin 0, \quad \dot{\xi}_1 = -A_1 \sin 0 + B_1 \cos 0$$
$$\xi_2 = A_2 \cos \sqrt{3} \cdot 0 + B_2 \sin \sqrt{3} \cdot 0$$
$$\dot{\xi}_2 = -\sqrt{3} A_2 \sin \sqrt{3} \cdot 0 + \sqrt{3} B_2 \cos \sqrt{3} \cdot 0$$

よって、$\xi_1 = A_1, \dot{\xi}_1 = B_1, \xi_2 = A_2, \dot{\xi}_2 = \sqrt{3} B_2$ となる。

$$\boldsymbol{x} = \boldsymbol{X}_1 \xi_1 + \boldsymbol{X}_2 \xi_2 = \begin{Bmatrix} 1 \\ 1 \end{Bmatrix} A_1 + \begin{Bmatrix} 1 \\ -1 \end{Bmatrix} A_2 = \begin{Bmatrix} 1 \\ 0 \end{Bmatrix}$$

$$\dot{\boldsymbol{x}} = \boldsymbol{X}_1 \dot{\xi}_1 + \boldsymbol{X}_2 \dot{\xi}_2 = \begin{Bmatrix} 1 \\ 1 \end{Bmatrix} B_1 + \begin{Bmatrix} 1 \\ -1 \end{Bmatrix} \sqrt{3} B_2 = \begin{Bmatrix} 0 \\ 0 \end{Bmatrix}$$

となる。以上の連立方程式から、$A_1 = A_2 = \dfrac{1}{2}$, $B_1 = B_2 = 0$ になる。

したがって，

$$\begin{cases} x_1 = \dfrac{1}{2}\cos t + \dfrac{1}{2}\cos\sqrt{3}\,t \\ x_2 = \dfrac{1}{2}\cos t - \dfrac{1}{2}\cos\sqrt{3}\,t \end{cases}$$

となる。

9-4 モード解析を用いた強制振動の解法

次に，図9-2に示す2自由度の非減衰強制振動系の問題に対しモード解析を適用し，解を求める。

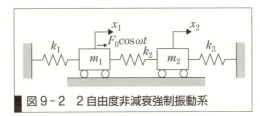

図9-2　2自由度非減衰強制振動系

運動方程式は，以下のように表される。

$$\begin{cases} m_1\ddot{x}_1 = -(k_1+k_2)x_1 + k_2 x_2 + F_0\cos\omega t \\ m_2\ddot{x}_2 = k_2 x_1 - (k_2+k_3)x_2 \end{cases} \qquad 9-19$$

また，式9-19を整理してマトリクス表示すると，以下のようになる。

$$\begin{bmatrix} m_1 & 0 \\ 0 & m_2 \end{bmatrix}\begin{Bmatrix} \ddot{x}_1 \\ \ddot{x}_2 \end{Bmatrix} + \begin{bmatrix} k_1+k_2 & -k_2 \\ -k_2 & k_2+k_3 \end{bmatrix}\begin{Bmatrix} x_1 \\ x_2 \end{Bmatrix} = \begin{Bmatrix} F_0 \\ 0 \end{Bmatrix}\cos\omega t \qquad 9-20$$

さらに，式9-20は簡潔に次のように表すことができる。

$$M\ddot{x} + Kx = F\cos\omega t \qquad 9-21$$

ここで，Fは調和外力の振幅ベクトルである。x，M，K，Fはこの問題では以下のように与えられる。

$$x = \begin{Bmatrix} x_1 \\ x_2 \end{Bmatrix},\quad M = \begin{bmatrix} m_1 & 0 \\ 0 & m_2 \end{bmatrix},\quad K = \begin{bmatrix} k_1+k_2 & -k_2 \\ -k_2 & k_2+k_3 \end{bmatrix},\quad F = \begin{Bmatrix} F_0 \\ 0 \end{Bmatrix} \qquad 9-22$$

9-3節と同様，以下のモード座標を用いて座標変換を行う。

$$x = [X]\xi,\quad \xi = \{\xi_1, \xi_2\}^T \qquad 9-23$$

ここで，固有角振動数ω_1，ω_2および固有振動モード行列$[X]$は事前に9-2節のように自由振動解析を行い求めておく必要がある。

式9-23を式9-21に代入し，さらに$[X]^T$をその両辺に左から掛けると以下のような式になる。

$$[X]^T M[X]\ddot{\xi} + [X]^T K[X]\xi = [X]^T F\cos\omega t \qquad 9-24$$

式9-13と同様，固有振動モードの直交性を利用すると，以下のような2つの1自由度強制振動系の式が得られる。

$$\begin{cases} \overline{m}_1\ddot{\xi}_1 + \overline{k}_1\xi_1 = X_1^T F\cos\omega t \\ \overline{m}_2\ddot{\xi}_2 + \overline{k}_2\xi_2 = X_2^T F\cos\omega t \end{cases} \qquad 9-25$$

ここで，$X_1^T F$ および $X_2^T F$ は調和外力のなかでそれぞれ1次および2次モードに与える振幅を表している。

式9-25の強制振動解は，それぞれ以下で与えられる。

$$\xi_r = \frac{X_r^T F}{\overline{k'}_r - \overline{m}_r \omega^2} \cos\omega t = \frac{X_r^T F}{\overline{m}_r (\omega_r^2 - \omega^2)} \cos\omega t \quad (r=1,2) \quad \text{9-26}$$

また，式9-23に代入することでもとの物理座標 x に戻すと以下のようになる[*8]。

$$x = [X]\xi = X_1\xi_1 + X_2\xi_2 = \sum_{r=1}^{2} \frac{X_r X_r^T F}{\overline{m}_r (\omega_r^2 - \omega^2)} \cos\omega t \quad \text{9-27}$$

式9-27の $X_1\xi_1$ および $X_2\xi_2$ はそれぞれ1次および2次モードに対する強制振動解を表す。式9-27から外力の角振動数 ω が各モードの固有角振動数 ω_r に近づくたびに共振し，それぞれ応答は発散することがわかる。この共振点は自由度数と同じ数存在することに注意する。以上から，モード解析を用いると n 自由度強制振動系の問題から，n 個の1自由度強制振動系の問題へ分離し，それぞれの解を重ね合わせることでもとの物理座標の応答を求めることができる。

*8
Don't Forget!!
強制振動系の場合，応答の振動数は入力である外力の振動数と必ず一致することを覚えておこう！

例題 9-4 図9-2の2自由度強制振動系について $m_1 = m_2 = 1\,\text{kg}$，$k_1 = k_2 = k_3 = 1\,\text{N/m}$，$F_0 = 1\,\text{N}$ のとき，強制振動応答 x_1，x_2 をモード解析を用いて求めよ。

解答 式9-24から，次式が得られる。

$$2\ddot{\xi}_1 + 2\xi_1 = \{1 \quad 1\}\begin{Bmatrix} 1 \\ 0 \end{Bmatrix}\cos\omega t = \cos\omega t$$

$$2\ddot{\xi}_2 + 6\xi_2 = \{1 \quad -1\}\begin{Bmatrix} 1 \\ 0 \end{Bmatrix}\cos\omega t = \cos\omega t$$

また，式9-25から，次式が得られる。

$$\xi_1 = \frac{1}{2(1-\omega^2)}\cos\omega t, \quad \xi_2 = \frac{1}{2(3-\omega^2)}\cos\omega t$$

式9-22から，もとの物理座標に戻すと，

$$x = \begin{Bmatrix} 1 \\ 1 \end{Bmatrix}\xi_1 + \begin{Bmatrix} 1 \\ -1 \end{Bmatrix}\xi_2$$

$$\begin{Bmatrix} x_1 \\ x_2 \end{Bmatrix} = \begin{Bmatrix} \dfrac{1}{2(1-\omega^2)}\cos\omega t + \dfrac{1}{2(3-\omega^2)}\cos\omega t \\ \dfrac{1}{2(1-\omega^2)}\cos\omega t - \dfrac{1}{2(3-\omega^2)}\cos\omega t \end{Bmatrix} \quad \text{となる。}$$

図 9-3(a) および (b) にそれぞれ $x_1 = X_1 \cos \omega t$ および $x_2 = X_2 \cos \omega t$ の 1 次モードに対する応答(点線),2 次モードに対する応答(一点鎖線),またそれらを足し合わせた応答曲線(実線)を示す。

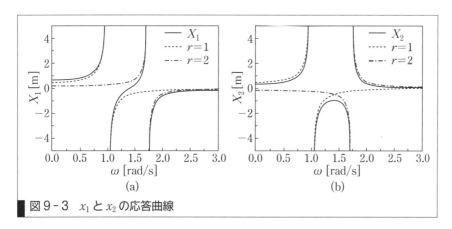

図 9-3 x_1 と x_2 の応答曲線

図 9-3(a) および (b) から 1 次および 2 次の固有振動数で共振していることがわかる。また,1 次に対する応答(点線)では x_1 と x_2 は同位相で振動していることがわかる。さらに,2 次に対する応答(一点鎖線)では x_1 と x_2 は逆位相で振動していることがわかる。図 9-3(a) には $\omega = 1.4$ rad/s 付近で x_1 の振幅が 0 になる反共振振動数があり,1 次モードと 2 次モードの応答がたがいに相殺されていることがわかる。一方,図 9-3(b) から x_2 は反共振点で振幅をもっていることがわかる。つまり,8-2 節で前述したとおり,$\omega = 1.4$ rad/s 付近で x_2 は動吸振器として作用している。

演習問題 A 基本の確認をしましょう

9-A1 図アのねじり振動系について考える。$I_1 = I_2 = 1$ kgm^2,$K_1 = K_2 = 1$ Nm/rad,$N_0 = 1$ Nm のとき,強制振動応答 θ_1,θ_2 をモード解析を用いて求めよ。

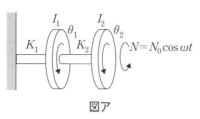

図ア

演習問題 B もっと使えるようになりましょう

9-B1 図イの車体の上下運動を考える。車体の質量を $M = 1500$ kg,重心まわりの慣性モーメントを $I = 1500$ kgm^2 とする。重心位置での鉛直方向の変位を x,重心まわりの角変位を θ とする。前後のサスペンションのばね定数は $k = k_1 = k_2 = 30$ kN/m であり,重心位置から前輪および後輪までの距離をそれぞれ $l_1 = 1.0$ m,$l_2 = 2.0$ m とする。

(1) この 2 自由度系の運動方程式を求めよ。

(2) 固有角振動数 ω_1, ω_2 を求めよ。

(3) 固有角振動数 ω_1, ω_2 に対する固有振動モードを求めよ。

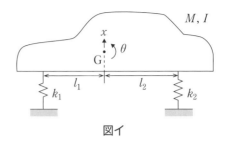

図イ

あなたがここで学んだこと

この章であなたが到達したのは

- □ 運動方程式をマトリクス表示できる
- □ 振動数方程式から固有振動数と固有振動モードを求めることができる
- □ 固有振動モードの直交性を理解し，モード質量やモード剛性を求めることができる
- □ モード解析を行い，n 自由度系の問題を n 個の 1 自由度系の問題へ分離することができる

本章では 2 自由度の振動系を用いてモード解析について学習した。より大きな自由度の振動系にも対応できるよう学習を続けてほしい。実際の現象に対し，モード解析を用いることによってどのモードの影響が大きいかみきわめられる技術者をめざしてほしい。

10章 連続体の振動

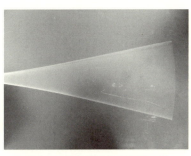

図A　片持ちはりの1次モード

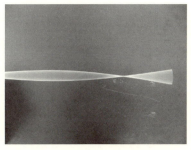

図B　片持ちはりの2次モード

　ギターを弾くことを考えてみよう。ギターの音は弦を弾いたときの自由振動の振動数によって決まる。弦の振動数は，弦の長さ，太さ，材質，張力によって決まるため，弦の張力を調整することでギターの音を決める（チューニングする）ことができるし，指で押さえて弦の長さを変えることでさまざまな音を出すことができる。つまりギターを弾くことは，弦に与える条件を変えて弦の振動数を自在にコントロールすることである，といえる。

　次に釣り竿を上下に振ることを考えてみよう。通常，手首の動きは速くても1秒間に5往復（振動数でいえば5 Hz）程度と思われる。もし，人間の限界を超える速度で釣り竿を振ったらどうなるだろうか？ 材料力学で学んだ片持ちはりで調べてみよう。図A，Bはアルミニウム合金製の片持ちはりの固定部を上下に変位加振したときの露光写真である。図Aは振動数3.6 Hz，図Bは23.3 Hzで振動させている。図Bは，図Aに比べ振幅が小さく，振動の形状もX字型となっている。普通に釣り竿を振れば図Aのようになるが，より速い振動数で振ると図Bになることが予想できる。このようにはりに与える振動数により振動の形状は異なる。これを固有振動モード形状と呼び，図Aを1次モード，図Bを2次モードと呼ぶ。1次モードと2次モードの動画をWebで確認しよう。

●この章で学ぶことの概要

　「ギターの弦」や「はり」は質量が連続的に分布しており，これを「連続体」と呼ぶ。本章では，連続体の運動方程式の導出および解析について学ぶ。連続体の運動方程式は偏微分方程式となるが，基本はこれまでの質点系と同様である。

予習 授業の前にやっておこう!!

1. 横波,縦波(疎密波)とはどのような波のことか。

2. 周期 $T = 0.8\,\mathrm{s}$ の波が $25\,\mathrm{m}$ 離れた点に $5\,\mathrm{s}$ で達した。この波の波長 λ を求めよ。

3. 図 a は縦波を横波表示したもので,波は右向きに進んでいる。
   (1) 媒質が最も疎である点
   (2) 媒質が最も密である点
   をそれぞれ記号で選び,その理由を説明せよ。

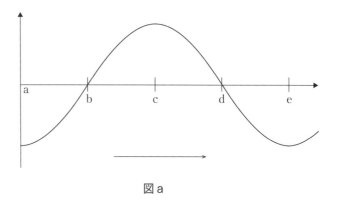

図 a

4. 常微分方程式に対し,偏微分方程式とはどのようなものか説明せよ。

10 1 弦の横振動

冒頭のギターの弦の振動について考えてみよう。本節では,弦をモデル化し,弦が横振動するときの運動方程式および一般解を導く。次に弦が両端固定であるという境界条件を導入し,弦の固有振動数と固有振動モードを求める。以上から,弦を弾いたときの振動数と振動の形状を知ることができる。

10-1-1 運動方程式

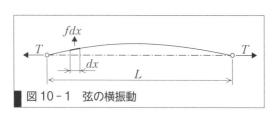

図 10-1 弦の横振動

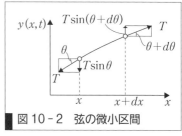

図 10-2 弦の微小区間

両端に張力 T が作用する長さ L の弦を考える(図 10-1)。弦は平面上でのみ振動すると仮定し,弦の運動方程式を導く。

図 10-2 は,弦の微小区間 dx の拡大図である。弦の横方向座標を x,縦方向変位を $y(x, t)$ とすると*1,微小区間 dx における自由振動の運

*1
弦の縦方向変位 $y(x, t)$ が x と t の 2 変数関数になるのは,y を決定するために,弦上の位置 x と時間 t が必要だからである。

動方程式は式10-1となる。

$$\rho_L dx \frac{\partial^2 y(x,t)}{\partial t^2} = T\sin(\theta + d\theta) - T\sin\theta \qquad 10-1$$

ここで，弦の線密度 ρ_L [kg/m] は一定（弦の材質，太さが均一）とする。

図10-2より，点 x における変位曲線の勾配は式10-2となる。

$$\frac{\partial y(x,t)}{\partial x} = \tan\theta \qquad 10-2$$

振動が微小であるとき $\sin\theta \fallingdotseq \tan\theta$ より，式10-1，式10-2から

$$\rho_L dx \frac{\partial^2 y(x,t)}{\partial t^2} = T\frac{\partial y(x+dx,t)}{\partial x} - T\frac{\partial y(x,t)}{\partial x} \qquad 10-3$$

となる。右辺第1項をテイラー展開[*2]し整理すると，**弦の横振動の運動方程式**

$$\frac{\partial^2 y(x,t)}{\partial t^2} = c^2 \frac{\partial^2 y(x,t)}{\partial x^2}, \quad c = \sqrt{\frac{T}{\rho_L}} \qquad 10-4$$

が得られる。式10-4の形の式を，一般に（1次元の）**波動方程式**（wave equation）と呼ぶ。

10-1-2 波動方程式の解

式10-4の2変数関数 $y(x,t)$ を1変数関数 $Y(x)$，$T(t)$ の積と仮定し，変数分離形とする。式10-4に $y(x,t) = Y(x)T(t)$ を代入し，式10-5を得る。

$$Y(x)\frac{d^2 T(t)}{dt^2} = c^2 T(t)\frac{d^2 Y(x)}{dx^2} \qquad 10-5$$

式10-5を変形し，式10-6，式10-7を得る。

$$\frac{\dfrac{d^2 T(t)}{dt^2}}{T(t)} = \frac{c^2 \dfrac{d^2 Y(x)}{dx^2}}{Y(x)} \equiv -\omega^2 \qquad 10-6\ ^{*3}$$

$$\frac{d^2 T(t)}{dt^2} + \omega^2 T(t) = 0, \quad \frac{d^2 Y(x)}{dx^2} + \left(\frac{\omega}{c}\right)^2 Y(x) = 0 \qquad 10-7$$

式10-7の一般解は次式となる。なお，$C_1 \sim C_4$ は積分定数である。

$$\begin{cases} T(t) = C_1 \sin\omega t + C_2 \cos\omega t \\ Y(x) = C_3 \sin\left(\dfrac{\omega}{c}\right)x + C_4 \cos\left(\dfrac{\omega}{c}\right)x \end{cases} \qquad 10-8$$

$Y(x)$ は座標 x における弦の変位を表す関数である。

10-1-3 固有値問題[*4]

式10-8を用い，弦の横振動における固有振動数[*5]と固有振動モードを導出する。導出には，弦の境界条件が必要である。

[*2] **Don't Forget!!**
テイラー展開
$$\frac{\partial y(x+dx,t)}{\partial x}$$
$$= \frac{\partial y(x,t)}{\partial x} + \frac{\partial^2 y(x,t)}{\partial x^2}dx + \cdots$$
右辺第2項までで近似する。この関係はよく使うので覚えておこう！

[*3] 式10-6で，任意の t の項（第1項）と任意の x の項（第2項）との間に等式が成り立つことから，これらの項は定数になるため，$-\omega^2$ とおくことができる。

[*4] 固有値問題とは，振動糸の固有振動数と固有振動モード形状を求める問題のことである。固有振動数および固有振動モード形状は境界条件に依存するため，固有値問題を解くにはまず境界条件を決定する必要がある。

[*5] 固有振動数
ここでは弦を弾いたときの弦の振動数のことである。

弦の左右の端がどのように支持されているかを，弦の境界条件という。弦は左右から張力を与えて固定しないと振動しない。すなわち，弦の境界条件は両端固定であり，弦の両端における変位 Y は 0 である。これを数式で表すと，左端 $x = 0$ のとき $Y = 0$ より $Y(0) = 0$，右端 $x = L$ のとき $Y = 0$ より $Y(L) = 0$ となる。これを一般解の式 10-8 に代入すると式 10-9，式 10-10 が得られる。

$$Y(0) = C_3 \sin\left(\frac{\omega}{c}\right) \cdot 0 + C_4 \cos\left(\frac{\omega}{c}\right) \cdot 0 = 0 \quad \therefore \quad C_4 = 0 \qquad 10\text{-}9$$

$$Y(L) = C_3 \sin\left(\frac{\omega}{c}\right) L = 0 \qquad 10\text{-}10$$

式 10-10 で $C_3 = 0$ のとき，弦は任意の x で変位 0，つまり停止を示しており，振動解ではない。したがって式 10-10 より $\sin(\omega/c) L = 0$ が成り立ち，これを**振動数方程式**と呼ぶ。振動数方程式より，式 10-11 が得られる。

$$\frac{\omega L}{c} = n\pi \quad (n = 1, 2, \cdots) \qquad 10\text{-}11$$

式 10-11 より，固有角振動数 ω_n は式 10-12 となる。

$$\omega_n = \frac{n\pi c}{L} \quad (n = 1, 2, \cdots) \qquad 10\text{-}12$$

また，式 10-8 に式 10-9，式 10-12 を代入すると式 10-13 が得られる。

$$Y_n(x) = C_3 \sin\left(\frac{n\pi}{L}\right) x \quad (n = 1, 2, \cdots) \qquad 10\text{-}13$$

式 10-13 を固有振動モードと呼ぶ。連続体は質点が無限にある場合に相当するため，共振振動数も無限にある。ω_1 を基本固有角振動数（または 1 次の固有角振動数），Y_1 を基本固有振動モード（または 1 次の固有振動モード），ω_2 を 2 次の固有角振動数，Y_2 を 2 次の固有振動モード，…と呼ぶ。固有振動モード Y_n は固有角振動数 ω_n で振動しているときの弦の形状を示している。なお，式 10-13 に未知係数 C_3 があることより，固有振動モードから振動の形状はわかるが振幅は求められない。

例題 10-1 両端固定された長さ 0.5 m の鋼線が 20 kN の張力を受けている。鋼線の線密度を $\rho_L = 2 \text{ kg/m}$ とする。この鋼線の基本固有振動数 f_1 [Hz] および基本固有振動モードを求めよ。

解答 式 10-12 および式 10-4 の c より固有角振動数 ω_n は，以下のように求められる。

$$\omega_n = \frac{n\pi}{L} c = \frac{n\pi}{L} \sqrt{\frac{T}{\rho_L}}, \quad \omega_1 = \frac{\pi}{0.5} \sqrt{\frac{20 \times 10^3}{2}}$$

$$f_1 = \frac{\omega_1}{2\pi} = \frac{20 \times 10^3}{2} = 100 \text{ Hz}$$

式 10-13 より，基本固有振動モードは $Y_1(x) = C_3 \sin(\pi/L)x$ となる。これを図示すると，固有振動モード形状は図 10-3 となる。

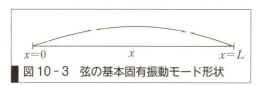

図 10-3　弦の基本固有振動モード形状

例題 10-2 ギター[*6]にナイロン製の弦を張ったとき，弦の長さ 65 cm，直径 0.69 mm であった。ナイロン弦の体積密度 1.2 g/cm³，与える張力を 75 N とする。

(1) 弦の基本固有振動数 f_1 [Hz] を求めよ。
(2) $f_1 = 330$ Hz にするために必要な張力を求めよ[*7]。

解答

(1) 線密度 ρ_L は，体積密度 $\rho \times$ 弦の断面積 A で求められる。$\rho = 1200$ kg/m³ より，$\rho_L = 1200 \times \pi(0.345 \times 10^{-3})^2$ kg/m となる。よって，求める f_1 は次のようになる。

$$f_1 = \frac{\omega_1}{2\pi} = \frac{1}{2 \times 65 \times 10^{-2}} \sqrt{\frac{75}{1200 \times \pi \times (0.345 \times 10^{-3})^2}}$$
$$= 314.5 \text{ Hz}$$

(2) 上式で張力 $T = 75$ N を未知数とし，$f_1 = 330$ Hz で計算すると $T = 82.6$ N となる。したがって，330 Hz に調弦するには 82.6 N の張力が必要となる。

[*6] **+αプラスアルファ**
ギターは弾いて音を出すのでギターの弦の振動は自由振動である。一方，バイオリンなどの弓を用いる楽器は，弓を一方向に引くとき弦が振動するので，自励振動である。自由振動，自励振動とも，その弦の固有振動数で振動する。

[*7] **ヒント**
ギターには 6 本の弦があり，細いほうから順に 1 弦，2 弦，…と数える。例題 10-2 は 1 弦にナイロン製の弦を張った場合を想定している。ギターの 1 弦の解放音は 330 Hz であるため，(2)はギター上部のペグと呼ばれるねじを回して張力を上げ，チューニングをしている状況を示している。

10・2　棒の縦振動

縦振動の例として，釣り鐘を打つ棒（撞木(しゅもく)）を考えてみよう。釣り鐘を打ったあとの撞木の各部は長さ方向に縦振動している。縦振動は目視できないため，固有振動モード形状は横振動表示[*8]で行う。本節では棒の縦振動の運動方程式を導き，一般解を求める。また，3 種類の境界条件の各々について振動数方程式，固有角振動数，固有振動モードを導出する。

[*8] 高校物理で，縦波（疎密波）を横波として表示する方法と同じである。

10-2-1　運動方程式

本節では，棒の内部を伝わる縦振動の運動方程式を導出する。棒は，体積密度（以下，密度）ρ [kg/m³]，縦弾性係数 E [Pa]，断面積 A [m²] の一様な棒とする。図 10-4 のように，座標 x の位置から右方向に長

さ dx の微小区間を考える。微小区間の左側に $N(x, t)$,右側に $N(x+dx, t)$ の力が作用するとき,棒の縦振動の運動方程式は式10-14となる。

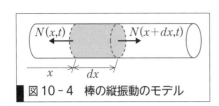

図10-4　棒の縦振動のモデル

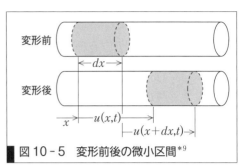

図10-5　変形前後の微小区間*9

*9
図10-5は考え方を示すため,微小変位 u をオーバーに描いている。

*10
式10-14では,$N(x+dx, t)$ の項をテイラー展開している。

*11
材料力学より $\sigma = E\varepsilon$ である。「PEL材料力学」(実教出版) 第2章を参照。

$$\rho A dx \frac{\partial^2 u(x,t)}{\partial t^2} = N(x+dx, t) - N(x, t) = \frac{\partial N(x,t)}{\partial x} dx \quad 10\text{-}14 \,^{*10}$$

ここで垂直応力 $\sigma(x, t)$,軸方向ひずみ $\varepsilon(x, t)$ を導入すると*11,軸力 $N(x, t)$ は式10-15で表すことができる。

$$N(x, t) = A\sigma(x, t) = AE\varepsilon(x, t) \quad 10\text{-}15$$

次に,軸方向ひずみ $\varepsilon(x, t)$ を考える。図10-5に示す微小区間の変形前の長さは dx,変形後の長さは図10-5から式10-16となる。

$$\{u(x+dx, t) + dx\} - u(x, t) = u(x+dx, t) - u(x, t) + dx \quad 10\text{-}16$$

軸方向ひずみの定義は「変形前の長さに対する伸びの比」であり,伸びは変形後の長さ (式10-16) から変形前の長さ dx を引いたものである。よって,$\varepsilon(x, t)$ は式10-17で与えられる。

$$\varepsilon(x, t) = \frac{u(x+dx, t) - u(x, t)}{dx} = \frac{\partial u(x, t)}{\partial x} \quad 10\text{-}17 \,^{*12}$$

*12
式10-17では,$u(x+dx, t)$ の項をテイラー展開している。

式10-15,式10-17より式10-18が得られる。

$$N(x, t) = AE \frac{\partial u(x, t)}{\partial x} \quad 10\text{-}18 \,^{*13}$$

*13
軸力の式
$$N(x,t) = AE \frac{\partial u(x,t)}{\partial x}$$

式10-18を式10-14に代入し整理すると,式10-19となる。

$$\frac{\partial^2 u(x,t)}{\partial t^2} = c^2 \frac{\partial^2 u(x,t)}{\partial x^2}, \quad c = \sqrt{\frac{E}{\rho}} \quad 10\text{-}19$$

式10-19より棒の縦振動の運動方程式は波動方程式である。式10-19の解を $u(x, t) = U(x)T(t)$ とおくと,10-1-2項より一般解は次式となる。

$$\begin{cases} T(t) = C_1 \sin\omega t + C_2 \cos\omega t \\ U(x) = C_3 \sin\left(\dfrac{\omega}{c}\right)x + C_4 \cos\left(\dfrac{\omega}{c}\right)x \end{cases} \quad 10\text{-}20$$

なお,$U(x)$ は座標 x における縦振動変位を表す関数である。

10-2-2 固有値問題(棒の縦振動)

棒の縦振動の場合，おもに図10-6に示す3種類の境界条件がある。

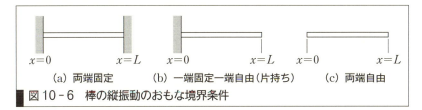

図10-6 棒の縦振動のおもな境界条件

固定端では変位0であるため，境界条件は$U(x)=0$である。一方，自由端では応力0であるため，境界条件を次式より求める。

$$\sigma(x,t) = E\varepsilon(x,t) = E\frac{\partial u(x,t)}{\partial x} = ET(t)\frac{dU(x)}{dx} = 0 \qquad 10\text{-}21 \text{ *14}$$

*14
🔵ヒント
式10-21の式変形には，式10-17を用いる。

*15
はりの縦振動の境界条件
　固定端　$U(x)=0$
　自由端　$\dfrac{dU(x)}{dx}=0$

上式より，自由端の境界条件は$dU(x)/dx=0$である。以下，境界条件*15(a)～(c)のおのおのについて，固有角振動数と固有振動モードを求める。

(a) 両端固定の場合

固定端の境界条件より$x=0$のとき$U(0)=0$，$x=L$のとき$U(L)=0$となる。これは10-1-3項の弦の横振動の場合と等しいので計算は省略する。固有角振動数と固有振動モードは以下で与えられる。

$$\begin{cases} \omega_n = \dfrac{n\pi c}{L} & (n=1,2,\cdots) \\ U_n(x) = C_3 \sin\left(\dfrac{n\pi x}{L}\right) & (n=1,2,\cdots) \end{cases} \qquad 10\text{-}22$$

両端固定の棒の3次までの固有振動モードを図10-7に示す。縦振動は軸方向の縦波であり，実際は疎密波として存在するが，見にくいため横振動として表現する。

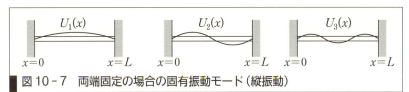

図10-7 両端固定の場合の固有振動モード(縦振動)

(b) 一端固定一端自由の場合

境界条件は$x=0$のとき$U(0)=0$，$x=L$のとき$dU(L)/dx=0$である。一般解の式10-20の下式に固定端の境界条件$U(0)=0$を代入し，$C_4=0$を得る。さらに式10-20の下式をxで微分すると次式が得られる。

$$\frac{dU(x)}{dx} = \frac{d}{dx}\left\{C_3\sin\left(\frac{\omega}{c}\right)x\right\} = C_3\cdot\left(\frac{\omega}{c}\right)\cos\left(\frac{\omega}{c}\right)x \qquad 10\text{-}23$$

式10-23に自由端の境界条件を代入すると式10-24の振動数方程

式が得られる。

$$\frac{dU(L)}{dx} = C_3\left(\frac{\omega}{c}\right)\cos\left(\frac{\omega}{c}\right)L = 0 \qquad 10\text{-}24$$

式 10-24 の振動数方程式より式 10-25 が得られ，固有角振動数 ω_n は式 10-26 となる。

$$\frac{\omega}{c}L = \frac{(2n-1)\pi}{2} \quad (n=1,2,\cdots) \qquad 10\text{-}25$$

$$\omega_n = \frac{(2n-1)\pi c}{2L} \quad (n=1,2,\cdots) \qquad 10\text{-}26$$

以上から，固有角振動数と固有振動モードは式 10-27 で与えられる。

$$\begin{cases} \omega_n = \dfrac{(2n-1)\pi}{2L}\sqrt{\dfrac{E}{\rho}} \\ U_n(x) = C_3 \sin\left(\dfrac{\omega_n}{c}\right)x = C_3 \sin\dfrac{(2n-1)\pi}{2L}x \end{cases} \qquad 10\text{-}27$$

一端固定一端自由の棒の 3 次までの固有振動モードを図 10-8 に示す。

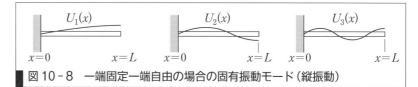

図 10-8　一端固定一端自由の場合の固有振動モード（縦振動）

(c) 両端自由の場合

解法は (a), (b) と同様なので省略する。解は次式になる。

$$\begin{cases} \omega_n = \dfrac{n\pi c}{L} = \dfrac{n\pi}{L}\sqrt{\dfrac{E}{\rho}} \quad (n=1,2,\cdots) \\ U_n(x) = C_4 \cos\left(\dfrac{\omega_n}{c}\right)x \quad (n=1,2,\cdots) \end{cases} \qquad 10\text{-}28$$

両端自由の棒の 3 次までの固有振動モードを図 10-9 に示す。

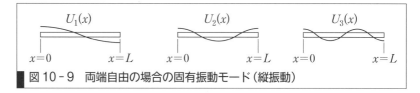

図 10-9　両端自由の場合の固有振動モード（縦振動）

*16
ヒント
棒の縦振動の場合，直径，断面積は固有振動数に影響を与えないことに注意しよう。

例題 10-3　釣り鐘を撞木で打つとき，撞木に伝わる縦振動*16 の基本固有振動数 f_1 [kHz] を求めよ。撞木は直径 300 mm，長さ 1.8 m の丸棒であり，天井から縄でつるされている（図 10-10）。撞木の材質は木材であり，縦弾性係数 $E = 15.2$ GPa，密度 $\rho = 920$ kg/m^3 で一様であると仮定し計算せよ。

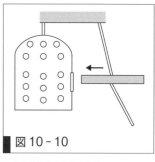

図 10-10

解答 両端自由の棒と考えればよい。式 10-28 の上式より $n=1$ とし，

$$f_1 = \frac{\omega_1}{2\pi} = \frac{1}{2\pi}\frac{\pi}{L}\sqrt{\frac{E}{\rho}} = \frac{1}{2\pi}\frac{\pi}{1.8}\sqrt{\frac{15.2\times10^9}{920}}$$

$$= 1129\,\mathrm{Hz} = 1.13\,\mathrm{kHz}$$

と計算できる。

10・3 はりの横振動

横振動は目視しやすく，章とびらの釣り竿の振動や，風が強いときの国旗掲揚塔の揺れなどが例として挙げられる。本節では，はり[*17]の横振動の運動方程式を導き，一般解を求める。また，3 種類の境界条件のおのおのについて振動数方程式，固有角振動数，固有振動モードを導出する。

[*17] 扱う連続体の名称について，10-2 節では「棒」，10-3 節では「はり」としているが，本質的な違いはない。

10・3・1 運動方程式

本節では，はりの横振動の運動方程式を導出する。はりは，密度 ρ [kg/m³]，縦弾性係数 E [Pa]，断面積 A [m²] で一様とし，断面寸法が長さに比べて十分小さいとする[*18]。はりの中立面上の変位を図 10-11 のように考える。ここで，はりの中立面上の点の x 方向変位を $u(x,t)$，z 方向変位を $w(x,t)$ とする。図 10-12 の微小区間 dx には，せん断力 $F(x,t)$，曲げモーメント $M(x,t)$ が図のように作用しているとする[*19]。

[*18] はりの断面寸法が長さに比べて十分小さいときは，曲げによる影響だけを考え，せん断による変形や回転慣性の影響を無視できる。これを「オイラー・ベルヌーイはり (Euler-Bernoulli beam)」という。

これに対し，これらの影響を考える場合「ティモシェンコはり (Timoshenko beam)」という。

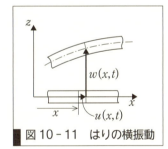

図 10-11 はりの横振動

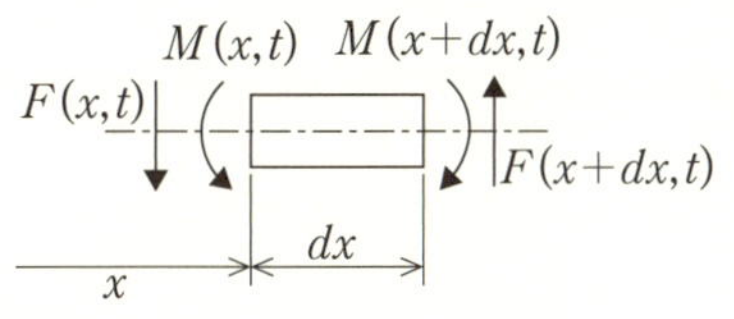

図 10-12 はりの微小区間

[*19] **Don't Forget!!**
曲げモーメントの式
$$M(x,t) = -EI\frac{\partial^2 w(x,t)}{\partial x^2}$$
せん断力の式
$$F(x,t) = -EI\frac{\partial^3 w(x,t)}{\partial x^3}$$

このとき，はりの微小区間の z 方向の運動方程式は，式 10-29 となる。

$$\rho A dx \frac{\partial^2 w(x,t)}{\partial t^2} - F(x+dx,t) - F(x,t) \qquad 10\text{-}29$$

右辺第 1 項をテイラー展開して整理すると，式 10-30 が得られる。

$$\rho A dx \frac{\partial^2 w(x,t)}{\partial t^2} = \frac{\partial F(x,t)}{\partial x} \qquad 10\text{-}30$$

ここで図 10-12 より座標 x におけるモーメントのつり合いを考えると式 10-31 が得られる。

$$M(x,t) - M(x+dx,t) + F(x+dx,t)dx = 0 \qquad 10\text{-}31$$

左辺第 2 項，第 3 項をテイラー展開し，$dx^2 \fallingdotseq 0$ とすると次式を得る。

$$F(x,t) = \frac{\partial M(x,t)}{\partial x} \qquad 10\text{-}32$$

ここで材料力学より

$$M(x,t) = -EI\frac{\partial^2 w(x,t)}{\partial x^2} \qquad 10\text{-}33$$

とでき，式10-32，式10-33より

$$F(x,t) = -EI\frac{\partial^3 w(x,t)}{\partial x^3} \qquad 10\text{-}34$$

となる．式10-34を式10-30に代入すると次式が得られる．

$$EI\frac{\partial^4 w(x,t)}{\partial x^4} + \rho A\frac{\partial^2 w(x,t)}{\partial t^2} = 0 \qquad 10\text{-}35$$

式10-35が，はりの横振動の運動方程式である．

10-3-2 運動方程式の一般解

式10-35の解を $w(x,t) = W(x)T(t)$ と仮定し，式10-35に代入すると次のようになる．

$$EIT(t)\frac{d^4 W(x)}{dx^4} + \rho A W(x)\frac{d^2 T(t)}{dt^2} = 0 \qquad 10\text{-}36$$

$$\frac{\frac{d^2 T(t)}{dt^2}}{T(t)} = -\frac{EI}{\rho A}\frac{W(x)\frac{d^4 W(x)}{dx^4}}{W(x)} \equiv -\omega^2 \qquad 10\text{-}37$$

$$\frac{d^2 T(t)}{dt^2} + \omega^2 T(t) = 0, \quad \frac{d^4 W(x)}{dx^4} - \alpha^4 W(x) = 0 \quad \left(\alpha^4 = \frac{\rho A \omega^2}{EI}\right)$$

$$10\text{-}38$$

式10-38の α^4 の式を変形すると，以下の固有角振動数が得られる．

$$\omega_n = \left(\frac{\alpha_n L}{L}\right)^2 \sqrt{\frac{EI}{\rho A}} \qquad (n = 1, 2, \cdots) \qquad 10\text{-}39$$

次に，式10-38第2式の解を $W(x) = Ce^{\lambda x}$ と仮定し代入すると，$\lambda = \pm\alpha, \pm i\alpha$ が得られる．よって，一般解は式10-40となる．

$$W(x) = C_1 e^{\alpha x} + C_2 e^{-\alpha x} + C_3 e^{i\alpha x} + C_4 e^{-i\alpha x} \qquad 10\text{-}40$$

ここで $e^{\alpha x}$, $e^{-\alpha x}$, $e^{i\alpha x}$, $e^{-i\alpha x}$ の各項を，オイラーの公式[20]を利用し三角関数と双曲線関数[21]に置き換えて整理すると，一般解は式10-41となる．

$$W(x) = C_1 \cos\alpha x + C_2 \sin\alpha x + C_3 \cosh\alpha x + C_4 \sinh\alpha x \quad 10\text{-}41 \text{ [22,23]}$$

式10-41は，はりの曲げ振動の振幅形状を表す一般解である．以下，一般解の x に関する一階微分〜三階微分を示しておく．

$$\frac{dW(x)}{dx} = \alpha[-C_1 \sin\alpha x + C_2 \cos\alpha x + C_3 \sinh\alpha x + C_4 \cosh\alpha x] \quad 10\text{-}42$$

---

[20] **オイラーの公式**
$e^{i\alpha x} = \cos\alpha x + i\sin\alpha x$
$e^{-i\alpha x} = \cos(-\alpha x) + i\sin(-\alpha x)$

[21] **双曲線関数**
$\sinh\alpha x = \dfrac{e^{\alpha x} - e^{-\alpha x}}{2}$
$\cosh\alpha x = \dfrac{e^{\alpha x} + e^{-\alpha x}}{2}$
$\sinh(-\alpha x) = -\sinh(\alpha x)$
$\cosh(-\alpha x) = \cosh(\alpha x)$
$\cosh^2\alpha x - \sinh^2\alpha x = 0$

[22] **+α プラスアルファ**
cosh のグラフは懸垂線として知られる．

[23] **双曲線関数より**
$e^{\alpha x} = \sinh\alpha x + \cosh\alpha x$
$e^{-\alpha x} = \sinh(-\alpha x) + \cosh(-\alpha x)$

$$\frac{d^2 W(x)}{dx^2} = \alpha^2 [-C_1 \cos\alpha x - C_2 \sin\alpha x + C_3 \cosh\alpha x + C_4 \sinh\alpha x]$$

10 – 43

$$\frac{d^3 W(x)}{dx^3} = \alpha^3 [C_1 \sin\alpha x - C_2 \cos\alpha x + C_3 \sinh\alpha x + C_4 \cosh\alpha x]$$

10 – 44

10-3-3 固有値問題（はりの横振動）

はりの横振動の境界条件は，おもに次の3種類である[*24]。

(1) 固定端（変位0，傾斜0） $W = 0$, $dW/dx = 0$
(2) 単純支持（変位0，曲げモーメント0）[*25] $W = 0$, $d^2W/dx^2 = 0$
(3) 自由端（曲げモーメント0，せん断力0） $d^2W/dx^2 = 0$, $d^3W/dx^3 = 0$

ほかに，ばね支持などがある。はりの両端がそれぞれどの境界条件に当てはまるかによって，固有角振動数および固有振動モードが変化する。

以下，例として**両端単純支持の場合**について，はりの横振動の固有角振動数，固有振動モードを導出する。

図10-13に示す長さ L で両端が単純支持されているはりの横振動について考える。

境界条件を式10-41，式10-43に代入して整理すると $C_1 = C_3 = 0$ を得る。さらに

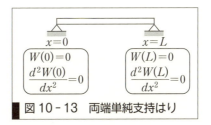

図10-13　両端単純支持はり

$C_4 \sinh\alpha L = 0$ より $C_4 = 0$ となり， $W(L) = C_2 \sin\alpha L = 0$ が残る。 $C_2 = 0$ にすると振動解にならないため，振動解は式10-45となる。

$$\sin\alpha L = 0 \qquad \text{10 – 45}$$

式10-45を振動数方程式[*26]， αL を固有値と呼ぶ。振動数方程式10-45より固有値は以下のように求められる。

$$\alpha_n L = n\pi \quad (n = 1, 2, \cdots) \qquad \text{10 – 46}$$

式10-46を式10-39に代入すると，下式が得られる。

$$\omega_n = \left(\frac{n\pi}{L}\right)^2 \sqrt{\frac{EI}{\rho A}} \quad (n = 1, 2, \cdots) \qquad \text{10 – 47}$$

式10-47は両端単純支持はりの固有角振動数を求める式である。

また，境界条件より得た $C_1 = C_3 = C_4 = 0$ および式10-46を式10-41に代入すると下式が得られる。

$$\frac{W_n(x)}{C_2} = \sin\left(\frac{n\pi x}{L}\right) \quad (n = 1, 2, \cdots) \qquad \text{10 – 48}$$

[*24]
はりの横振動の境界条件
固定端
$$W = 0, \ \frac{dW}{dx} = 0$$
単純支持
$$W = 0, \ \frac{d^2W}{dx^2} = 0$$
自由端
$$\frac{d^2W}{dx^2} = 0, \ \frac{d^3W}{dx^3} = 0$$

[*25]
単純支持は，回転端とも呼ばれる。

[*26]
振動数方程式は，固有値方程式とも呼ばれる。

式10-48は両端単純支持はりの固有振動モード関数(固有関数)である。

両端単純支持はりの振動数方程式,固有関数,固有振動モード形状および長さLの場合の節点位置を以下にまとめて示す。

【両端単純支持はりの場合】

振動数方程式　$\sin\alpha L = 0$,　固有値 $\alpha_1 L = \pi, \alpha_2 L = 2\pi, \alpha_3 L = 3\pi, \cdots$

固有関数　$\dfrac{W_n(x)}{C_2} = \sin\left(\dfrac{n\pi x}{L}\right)$

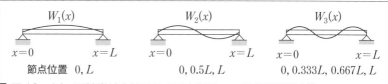

図10-14　両端単純支持はりの固有振動モード(横振動)[*27]

[*27] 図10-14は図10-7と同じ振動モード形状に見えるが,図10-7は縦振動,図10-14は横振動であることに注意。

その他の境界条件で算出した振動数方程式,固有値,固有関数,固有振動モードの結果を以下に示す[*28]。固有値が解析的に導けない場合,ニュートン法などの数値計算法を用いて固有値を導く[*29]。

[*28] 振動モードの最大振幅が生じる場所を「振動の腹(はら)」,振幅ゼロの場所を「振動の節(ふし)」と呼ぶ。振動の腹をおさえると振幅が減少するが,振動の節をおさえても振動状態はほとんど変化しない。

[*29] はりの横振動の固有値
・両端単純支持はり
　$\alpha_1 L = \pi, \alpha_2 L = 2\pi,$
　$\alpha_3 L = 3\pi, \cdots$
・両端自由,両端固定はり
　$\alpha_1 L = 4.7300,$
　$\alpha_2 L = 7.8532,$
　$\alpha_3 L = 10.9956, \cdots$
・片持ちはり
　$\alpha_1 L = 1.8751,$
　$\alpha_2 L = 4.6941,$
　$\alpha_3 L = 7.8548, \cdots$

【両端自由はりの場合】

振動数方程式　$\cos\alpha L \cosh\alpha L = 1$

固有値　$\alpha_1 L = 4.7300, \alpha_2 L = 7.8532, \alpha_3 L = 10.9956, \cdots$

固有関数　$\dfrac{W_n(x)}{C} = (\cos\alpha_n L - \cosh\alpha_n L)(\cos\alpha_n x + \cosh\alpha_n x)$
$\qquad\qquad\qquad + (\sin\alpha_n L + \sinh\alpha_n L)(\sin\alpha_n x + \sinh\alpha_n x)$

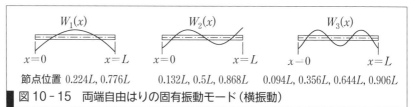

図10-15　両端自由はりの固有振動モード(横振動)

【両端固定はりの場合】

振動数方程式　$\cos\alpha L \cosh\alpha L = 1$

固有値　$\alpha_1 L = 4.7300, \alpha_2 L = 7.8532, \alpha_3 L = 10.9956, \cdots$

固有関数　$\dfrac{W_n(x)}{C} = (\sin\alpha_n L - \sinh\alpha_n L)(\cos\alpha_n x - \cosh\alpha_n x)$
$\qquad\qquad\qquad - (\cos\alpha_n L - \cosh\alpha_n L)(\sin\alpha_n x - \sinh\alpha_n x)$

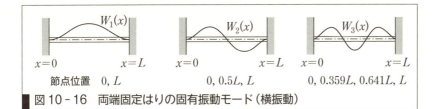

節点位置　　0, L　　　　　　0, 0.5L, L　　　　　0, 0.359L, 0.641L, L

図 10-16 両端固定はりの固有振動モード（横振動）

【片持ちはりの場合】

振動数方程式　$\cos\alpha L \cosh\alpha L = -1$

固有値　$\alpha_1 L = 1.8751, \alpha_2 L = 4.6941, \alpha_3 L = 7.8548, \cdots$

固有関数　$\dfrac{W_n(x)}{C} = (\sin\alpha_n L + \sinh\alpha_n L)(\cos\alpha_n x - \cosh\alpha_n x)$
$\qquad\qquad\qquad - (\cos\alpha_n L + \cosh\alpha_n L)(\sin\alpha_n x - \sinh\alpha_n x)$

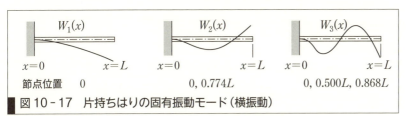

節点位置　　0　　　　　　　0, 0.774L　　　　　　0, 0.500L, 0.868L

図 10-17 片持ちはりの固有振動モード（横振動）

例題 10-4　左側が固定端，右側が自由端である片持ちはりに生じる曲げ振動（横振動）の 3 次までの固有振動数 f_1, f_2, f_3 [Hz] をそれぞれ求めよ．また振動数 $f = f_2$ 時の節の位置は，はりの左側から何 mm の位置にあるか求めよ．はりは長方形断面（幅 20 mm，厚さ 2 mm），長さ 1 m の軟鋼（$E = 206$ GPa, $\rho = 7800$ kg/m³）とする．幅 b，厚さ h のはりの断面二次モーメントは $I = bh^3/12$ であることを用いて計算せよ．

解答　式 10-39 の $\alpha_n L$ に，片持ちはりの固有値 $\alpha_1 L = 1.8751$, $\alpha_2 L = 4.6941$, $\alpha_3 L = 7.8548$ を代入すると 1 次～3 次の固有角振動数が得られるので，これを 2π で割れば固有振動数 f_1, f_2, f_3 [Hz] が得られる．

$$\sqrt{\dfrac{EI}{\rho A}} = 2.9671 \text{ m}^2/\text{s} \quad \text{より}^{*30}$$

$$f_1 = \dfrac{1.875^2}{2\pi} \times 2.9671 = 1.66 \text{ Hz},$$

$$f_2 = \dfrac{4.694^2}{2\pi} \times 2.9671 = 10.40 \text{ Hz},$$

$$f_3 = \dfrac{7.855^2}{2\pi} \times 2.9671 = 29.14 \text{ Hz} \quad \text{と計算できる．}$$

また，$f = f_2$ 時の節の位置は，図 10-17 の節点位置より左側から 0.774×1 m $= 0.774$ m となる．

*30 **Don't Forget!!**
式 10-39：
$$\omega_n = \left(\dfrac{\alpha_n L}{L}\right)^2 \sqrt{\dfrac{EI}{\rho A}}$$

演習問題　A　基本の確認をしましょう

10-A1 両端固定された長さ 2 m の鋼線が 800 N の張力を受けている。線密度 $\rho_L = 2$ kg/m とし，以下の問いに答えよ。
(1) 鋼線の基本固有振動数 f_1 は何 Hz か。
(2) 鋼線の材質を変えずに直径のみ 2 倍にしたとき，基本固有振動数 f_1 は何 Hz になるか。

10-A2 丸棒に発生する縦振動について，丸棒の一端を固定した場合と宙に浮かせた場合ではどちらの基本固有振動数が高くなるか検討せよ。

10-A3 例題 10-4 のはりについて，両端自由の場合に生じる曲げ振動の 3 次までの固有振動数 f_1, f_2, f_3 [Hz] を求めよ。

10-A4 長さ 200 m，幅 10 m，厚さ 1.5 m のコンクリート製の橋がある。橋の振動を調べたところ，両端から 50 m の位置で大きく揺れることがわかった。橋を両端単純支持はりと仮定し，どのような振動が発生しているか考察せよ。また，このときの固有振動数を求めよ。コンクリートの縦弾性係数 $E = 25$ GPa，密度 $\rho = 2700$ kg/m^3 とする。

10-A5 直径 7.5 mm のジュラルミン製の矢を的に向かって射た。矢は的に当たり，的の表面から 900 mm 出た状態で横振動した。矢を直径と密度が一様な丸棒と仮定し，横振動の基本固有角振動数を求めよ。ジュラルミンの縦弾性係数 $E = 69$ GPa，密度 $\rho = 2800$ kg/m^3 とする。

演習問題　B　もっと使えるようになりましょう

10-B1 図アのような左端が固定端，右端がばね支持である長さ L の棒の縦振動を考える。以下の問いに答えよ。

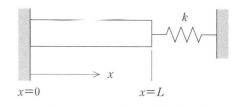

図ア　一端固定一端ばね支持の棒

(1) ばね支持端の境界条件を求めよ。ばね定数を k とする。
(2) 振動数方程式を求めよ。

10-B2 *31　歯車軸など，軸の回転方向に負荷がかかる場合，軸がねじり方向に振動することがある。これをねじり振動と呼ぶ。軸の長さ方向変位を x とし，軸の各断面のねじれ角を $\alpha(x,t)$ とする。図イのように軸の微小区間 dx にねじりモーメント T が作用しているとし，軸がねじり振動するときのねじれ角に関する運動方程式を導出せよ。ただし，単位長さ当たりの慣性モーメント $I(x)$，横弾性係数 $G(x)$，断面二次極モーメント $I_p(x)$ とする。

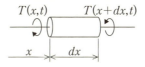

図イ　ねじり振動をする軸の微小区間

10-B3 *32　はりの横振動における両端自由はり（図10-15）の振動数方程式 $\cos\alpha L\cosh\alpha L=1$ を導け。

> **あなたがここで学んだこと**
>
> この章であなたが到達したのは
>
> □ 弦の横振動，棒の縦振動の運動方程式（波動方程式）を導出できる
>
> □ 弦の横振動，棒の縦振動の固有振動数，固有振動モードを導出できる
>
> □ はりの横振動の運動方程式を導出できる
>
> □ 棒の横振動の固有振動数，固有振動モードの計算ができる
>
> 機械力学では対象物を質点と仮定して扱うことが多いが，我々のまわりにあるものはすべて連続体である。本章では連続体を取り扱うための基礎的な手法を学習した。学習した式を使い，身近で実用的な問題に当てはめていく能力を養ってほしい。

*31　**ヒント**

10-B2 ねじり振動の運動方程式は波動方程式となり，c は以下となる。ρ は体積密度である。

$$c=\sqrt{\frac{GI_p}{I}}=\sqrt{\frac{G}{\rho}}$$

「PEL 材料力学」より，せん断応力，ねじりモーメント，横弾性係数，断面二次極モーメント，せん断ひずみについて調べ，それをもとに運動方程式を導出すること。

*32　**ヒント**

10-B3 境界条件を一般解に代入して求める。式中の C_1 〜 C_4 がすべて 0 にならない，即ち $C=(C_1\ C_2\ C_3\ C_4)^T$ のとき $AC=0$ が非自明解をもつには A の行列式 $\det A=0$ であることが条件となる。

11章 回転体の振動

図A　ホイールバランサ

　自動車に乗っているとき，一般道より高速道路のほうが揺れない，と感じた経験はあるだろうか？　すでに学習した共振の理論から，自動車は高速走行したほうが路面から伝わる振動が小さくなるため，高速道路のほうが揺れが少なくなる。もし高速道路のほうが揺れると感じた場合は，タイヤの偏心が原因と考えられる。タイヤに偏心があれば，そこには遠心力が発生し，振動する。また遠心力は $mr\omega^2$ で働くので，車輪の角速度 ω が10倍になれば遠心力は100倍になる。

　自動車の車輪を取りつけるときには，通常，ホイールバランサ(図A)という装置でバランス調整を行う。取りつけ前の車輪を自由に回転できるよう支持するとタイヤの重いところが下に下がるので，上側に錘をつけて偏心を打ち消すよう調整する。調整された車輪は重心と軸心が合っているため，高速回転しても振動は発生しにくい。

　一方，旋盤，フライス盤などの工作機械には，工作物や工具を回転させるための軸がある。車輪と違い，軸が長手方向に長いため，バランス調整がより大変である。プログラムで動くCNC旋盤の主軸は3000～4000 rpmで回転する。振動なしにこれだけの高速回転をさせることは，綿密なバランス調整なしには達成できない。また，洗濯機の脱水槽のように，回転体が軸のまわりをふれ回るように弾性をもたせることで，高速回転時に重心と軸心が勝手に近づいて振動が小さくなる装置もある。これを自動調心作用と呼ぶ。

●この章で学ぶことの概要

　本章では，旋盤など剛性の高い回転体のバランス調整に必要な「つり合わせ」の問題，自動調心作用が発生する「回転軸のふれまわり運動」について学ぶ。また，軸のねじり振動について復習する。

予習 授業の前にやっておこう!!

1. 点 O まわりに回転する長さ r の軸 OA に対し，図 a の方向に F の力を加えた。このとき，点 O まわりに発生するモーメント M を式で表せ。

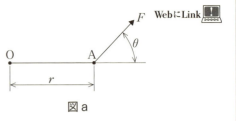

図 a

2. 周波数応答曲線について復習し，以下について述べよ。
   (1) 周波数応答曲線における位相差 ϕ は，何と何の位相差であるか。
   (2) 角速度 ω が共振点を超えて増加すると，振幅および位相差はどのように変化するか。

11 1 剛性回転体のつり合わせ

11-1-1 不つり合いの種類

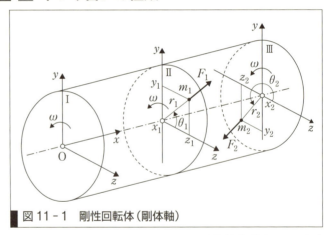

図 11-1 剛性回転体（剛体軸）

図 11-1 のような角速度 ω で回転する剛体軸を考える。断面 I に座標原点 O をとり，軸方向を x とする。$x = x_1$ の位置にある断面 II，$x = x_2$ の位置にある断面 III には，おのおの $m_1(y_1, z_1)$，$m_2(y_2, z_2)$ の不つり合い質量が存在する。この軸を x 軸まわりに自由回転できるよう支持すると，重心のかたよっている方向が下向きになる。これを**静不つり合い**（static unbalance）と呼ぶ[*1]。

この軸を角速度 ω で回転させたとき，m_1，m_2 により遠心力 $F_1 = m_1 r_1 \omega^2$，$F_2 = m_2 r_2 \omega^2$ が発生する。ここで，r_1，r_2 は m_1，m_2 の軸心からの距離である。断面 I を基準としたとき，遠心力 F_1，F_2 によりモーメント $F_1 x_1$，$F_2 x_2$ が発生する。これらのモーメントがつり合わない状態を**動不つり合い**（dynamic unbalance）と呼ぶ。

また，m_1，m_2 の値が等しく，それらの位置が重心に対し軸対称の場

[*1] 静不つり合いは対象物を自由回転支持すれば一定の方向を向くのでわかりやすいが，動不つり合いは対象物を回転させなければわからない。章とびらのホイールバランサはタイヤを回転させることで動不つり合いの調整もできる。

合，静不つり合いは解消されるが動不つり合いは存在する。この場合をとくに**偶不つり合い**(couple unbalance)と呼ぶ[*2]。

回転軸をもつ機械装置には，さまざまな不つり合いが発生する。例として，カムシャフトやキー溝など形状が軸対称ではないことによる不つり合い，材質の不均一性による不つり合い，加工誤差による不つり合い，軸の曲がりによる不つり合い，熱変形や異物の付着による不つり合いなどがあげられる。不つり合いが存在すると，機械装置の異音，摩耗，軸受の損傷などが発生するため，つり合わせにより解消する必要がある。

[*2] 偶不つり合いは，たとえば歯車やプーリなど径が比較的大きい円板状の回転体が，軸に傾いた状態ではまっているときなどに発生する。

11-1-2 つり合わせ（バランシング）

不つり合いを解消するには，次の2つの条件が必要である。
1. 回転体の重心位置が軸心上にあること（静的つり合い条件）
2. 回転軸まわりにモーメントが発生しないこと（動的つり合い条件）

不つり合い質量が m_i 個あるとき，z 方向，y 方向における静的つり合い条件は式 11-1 となる。

$$\sum m_i r_i \omega^2 \cos\theta_i = 0, \quad \sum m_i r_i \omega^2 \sin\theta_i = 0 \qquad 11-1$$

また，動的つり合い条件は式 11-2 となる。

$$\sum x_i m_i r_i \omega^2 \cos\theta_i = 0, \quad \sum x_i m_i r_i \omega^2 \sin\theta_i = 0 \qquad 11-2$$

軸各部の角速度は一般に等しいため，式 11-1，式 11-2 は以下のように表すことができる。$m_i r_i$ は「不つり合い」または「不つり合いモーメント」と呼ばれる。

$$\sum m_i r_i \cos\theta_i = 0, \quad \sum m_i r_i \sin\theta_i = 0 \qquad 11-3$$

$$\sum x_i m_i r_i \cos\theta_i = 0, \quad \sum x_i m_i r_i \sin\theta_i = 0 \qquad 11-4$$

丸鋸やディスクなど回転体が軸方向に薄い場合は一般に静不つり合いのみを考慮すればよい[*3]。静止した状態で静不つり合いを修正する方法を1面つり合わせと呼ぶ。

回転体が軸方向に厚い場合は動不つり合いも考慮する必要があるため，1面つり合わせでは対応できない。剛性ロータの場合，ロータの不つり合いを2つの面に代表させてつり合わせることができる[*4]。この方法を2面つり合わせ，または**動つり合わせ**(dynamic balancing)と呼ぶ。

高速回転などでロータが弾性変形する場合，2面つり合わせでは対応できない。この場合，多面多速度つり合わせなどを用いる[*5]。

[*3] 回転体が傾いている場合，偶不つり合いが発生することに注意する。

[*4] **+α プラスアルファ**
つり合わせの対象となる回転物体のことをロータと呼ぶ。図 11-4 に示す弾性軸に1個の回転体を取りつけたロータは，初期の研究者の名前から「ジェフコットロータ」または「ラバルロータ」と呼ばれる。

[*5] 多面多速度つり合わせは，たとえば下記文献に詳しい。
（参考：塩幡ら，多軸受回転軸系のつりあわせ法（第1報，多面多速度つりあわせ），日本機械学会論文集C，Vol.45, No.391 (1979), pp.275-284.)

例題 11-1 図 11-2 のように支持された円筒状のロータがあり，$P = 2$ kg mm，$Q = 1$ kg mm の不つり合いが存在する。図の L 面，R 面の半径 100 mm の位置に付加質量を埋め込み，バランシングしたい。L 面，R 面のどの方向におのおの何 g の付加質量を埋め込めばよい

か。なお，円筒の半径は 100 mm より大きいとする。

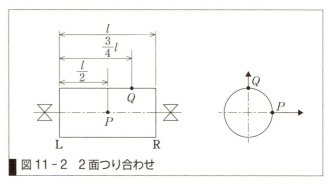

図 11-2　2 面つり合わせ

解答　不つり合い P，Q が各々 L 面上の P_L，Q_L と R 面上の P_R，Q_R につり合うと考える。

P_L，P_R を P と同方向，Q_L，Q_R を Q と同方向にとると，式 11-3 より

$$P + P_L + P_R = 0, \quad Q + Q_L + Q_R = 0 \quad {}^{*6}$$

となる。また，x の基準を L 面としたとき，式 11-4 より

$$\frac{l}{2} \cdot P + l P_R = 0, \quad \frac{3}{4} l \cdot Q + l Q_R = 0$$

となり，以上の式を連立させて解くと以下の解が得られる。

$$P_L = -\frac{P}{2}, \quad P_R = -\frac{P}{2}, \quad Q_L = -\frac{Q}{4}, \quad Q_R = -\frac{3}{4} Q$$

ここで，マイナスはベクトルの方向が P，Q と逆であることを示す。

$P = 2$ kg mm，$Q = 1$ kg mm より，$P_L = -1$ kg mm，

$P_R = -1$ kg mm，$Q_L = -0.25$ kg mm，$Q_R = -0.75$ kg mm となる。

図 11-3 に L 面，R 面を示す。L 面，R 面に付加すべきモーメントの大きさと方向は，P 方向を基準とすると図 11-3 より以下のようになる。

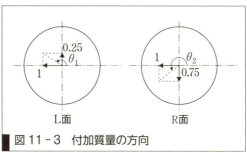

図 11-3　付加質量の方向

L 面：$\sqrt{1^2 + 0.25^2} = 1.03$ kg mm，$\theta_1 = 90° + \tan^{-1}\left(\dfrac{1}{0.25}\right) = 166.0°$

R 面：$\sqrt{1^2 + 0.75^2} = 1.25$ kg mm，$\theta_2 = 180° + \tan^{-1}\left(\dfrac{0.75}{1}\right) = 216.9°$

上記を満たす付荷質量 m_L，m_R は，半径 100 mm より $m_L = 10.3$ g，$m_R = 12.5$ g。以上から，L 面の P 方向から反時計まわりに 166.0° の位置に 10.3 g，R 面の P 方向から反時計まわりに 216.9° の位置に 12.5 g の付加質量を埋め込めばよい。

*6 ここで，不つり合いは式 11-3，式 11-4 では $m_i r_i$ を用いて表現されていることに注意。

11　2　弾性回転体の振動

11-2-1　弾性軸をもつ回転体の運動方程式（曲げ振動）

軸心 S に弾性軸をもち，角速度 ω で回転する円板を図 11-4 に示す。円板は，x-y 平面内で傾かずに回転すると考える。円板の重心 G が軸心 S から e 離れた位置にあるとき，弾性軸に遠心力が作用し，軸が自転しながら公転する「ふれまわり振動」が発生する。この軸の動きを記述する運動方程式を導く。なお，軸の質量は無視する。

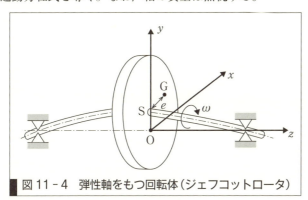

図 11-4　弾性軸をもつ回転体（ジェフコットロータ）

*7
図 11-5 のダンパ，ばねは弾性軸の特性をモデル化したものであり，ロータの遠心力により軸が曲げられ軸心が動くとき，軸心 S の速度，変位に応じた減衰力，復元力を発生する。したがって，式 11-5 の右辺の減衰力，復元力に含まれる変位と速度は，軸心 S (x, y) の変位，速度であることに注意。

図 11-5 は，図 11-4 の円板を z 方向から見たときの図である。点 S_0 は回転前の静止状態（初期状態）における軸心であり，x-y 座標系の原点 O と一致している。点 G_0 は初期状態における円板の重心位置である。S_0 と G_0 の距離 e を偏心量と呼ぶ。k_x, c_x は弾性軸の x 方向ばね定数と減衰係数，k_y, c_y は弾性軸の y 方向ばね定数と減衰係数である。

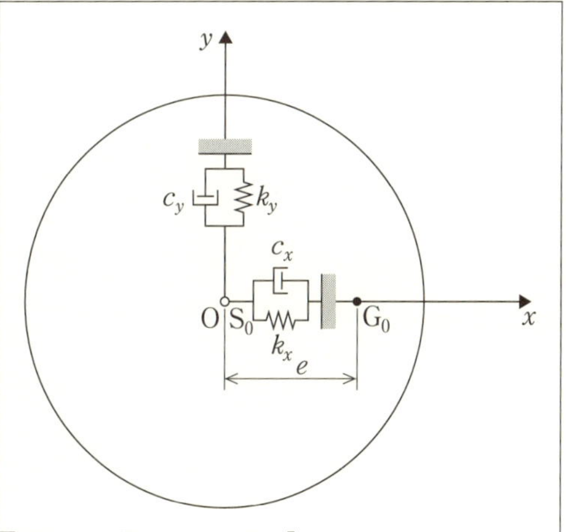

図 11-6 は，円板が回転している状態のモデル図である。円板は省略し，ある時刻 t における軸心 S (x, y)，重心 G (x_G, y_G) のみを示している。α は軸のたわみ角，θ は円板の回転角，ϕ は軸のたわみ角と円板の回転角の位相角（$\phi = \theta - \alpha$）である。

重心に関する運動方程式は，円板の質量を m とすると次式で表される。

$$m\ddot{x}_G = -c_x \dot{x} - k_x x, \quad m\ddot{y}_G = -c_y \dot{y} - k_y y \qquad 11-5$$

なお，軸が均質な断面積一定の丸棒であれば，x 方向と y 方向のばね定数および減衰係数の差はないため，$k_x = k_y = k$，$c_x = c_y = c$ としてよい。

重心 G の座標 (x_G, y_G) と軸心 S の座標 (x, y) の関係は図 11-6 より

$$x_G = x + e\cos\theta, \quad y_G = y + e\sin\theta \qquad 11-6$$

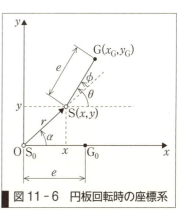

図 11-6　円板回転時の座標系

となる．式 11-6 を時間微分すると次式が得られる．

$$\begin{cases} \dot{x}_G = \dot{x} - e\dot{\theta}\sin\theta, & \ddot{x}_G = \ddot{x} - e\dot{\theta}^2\cos\theta - e\ddot{\theta}\sin\theta \\ \dot{y}_G = \dot{y} + e\dot{\theta}\cos\theta, & \ddot{y}_G = \ddot{y} - e\dot{\theta}^2\sin\theta + e\ddot{\theta}\cos\theta \end{cases} \quad 11-7$$

式 11-7 を式 11-5 に代入すると

$$\begin{cases} m\ddot{x} + c\dot{x} + kx = me\dot{\theta}^2\cos\theta + me\ddot{\theta}\sin\theta \\ m\ddot{y} + c\dot{y} + ky = me\dot{\theta}^2\sin\theta - me\ddot{\theta}\cos\theta \end{cases} \quad 11-8$$

を得る．つまり円板の運動方程式は，式 11-8 となる．ここで，円板の角速度 $\omega =$ 一定とすると $\theta = \omega t$, $\dot{\theta} = \omega$, $\ddot{\theta} = 0$ となり，式 11-8 は

$$m\ddot{x} + c\dot{x} + kx = me\omega^2\cos\omega t, \quad m\ddot{y} + c\dot{y} + ky = me\omega^2\sin\omega t \quad 11-9$$

となる．式 11-9 から，角速度一定の場合，円板の振動は遠心力 $me\omega^2$ を受ける軸心 S の振動ととらえることができる．

11-2-2 危険速度

式 11-9 の解を以下のように仮定する．

$$\begin{cases} x = A\sin\omega t + B\cos\omega t = x_0\cos(\omega t - \phi) \\ y = C\sin\omega t + D\cos\omega t = y_0\sin(\omega t - \phi) \end{cases} \quad 11-10$$

ここで，$x_0 = \sqrt{A^2 + B^2}$, $y_0 = \sqrt{C^2 + D^2}$ である．ϕ は位相角であり，図 11-6 における OS 方向と SG 方向の位相差である．

1 自由度振動系の周波数応答曲線の式と同様に導出すると次式を得る．

$$x = r\cos(\omega t - \phi), \quad y = r\sin(\omega t - \phi) \quad 11-11$$

$$r = \frac{me\omega^2}{\sqrt{(k - m\omega^2)^2 + (c\omega)^2}}, \quad \phi = \tan^{-1}\frac{c\omega}{k - m\omega^2} \quad 11-12$$

式 11-11 は，軸心 S が半径 r のふれまわり運動をすることを示している．式 11-12 に振動数比 $\beta (=\omega/\omega_n)$ *8 を導入すると次式を得る．

$$r = \frac{e\beta^2}{\sqrt{(1-\beta^2)^2 + (2\zeta\beta)^2}}, \quad \phi = \tan^{-1}\frac{2\zeta\beta}{1-\beta^2} \quad 11-13$$

式 11-13 を計算し，得られた r/e と β のグラフを図 11-7 に示す．また，ϕ と β の関係を図 11-8 に示す．

*8
Don't Forget!!
β は振動数比
$$\beta = \frac{\omega}{\omega_n}$$
$\beta = 1$ 近傍で共振が生じる（$\zeta = 0$ のときは $\beta = 1$ のとき共振が生じる）．

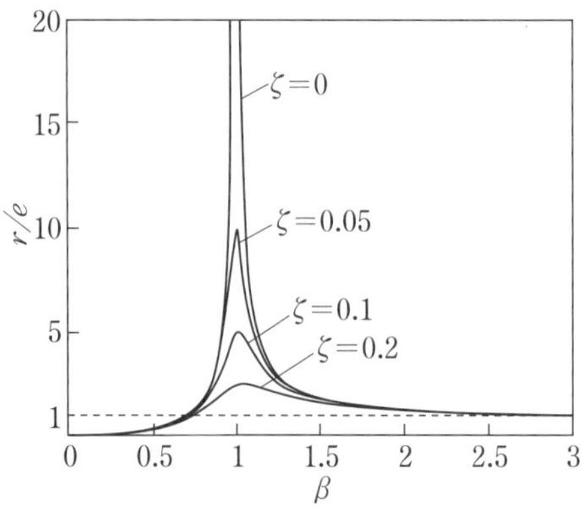

図 11-7 r/e と β の関係

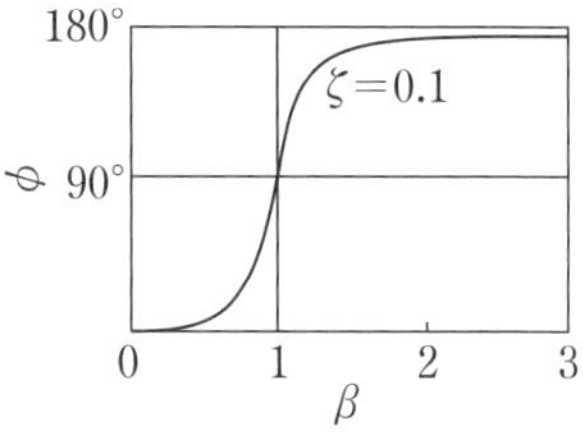

図 11-8 ϕ と β の関係

図 11-7 より，減衰比 $\zeta = 0$ のとき，$\beta = 1$（すなわち $\omega = \omega_n$）で r は共振する。このときの ω を**危険速度**（critical speed）と呼び，ω_c で表す[*9]。単位は [rad/s] である。

$$\omega_c = \sqrt{\frac{k}{m}} \qquad 11-14$$

危険速度 ω_c は固有角振動数 ω_n と等しい。また図 11-7 から，β が共振点を超えて増加すると，ふれまわり半径 r が偏心量 e に収束することがわかる。危険速度は，式 11-15 に示す N_c [rpm] で示すことも多い。

$$N_c = \frac{60}{2\pi}\omega_c = \frac{60}{2\pi}\sqrt{\frac{k}{m}} \quad [\text{rpm}] \qquad 11-15$$

11-2-3 自動調心作用

図 11-8 を用い，位相角 ϕ について考察する。

1. $\beta \ll 1$ のとき ϕ は 0 に近い。すなわち，図 11-6 の OS と SG はほぼ一直線となる（図 11-9 (a) 参照）。
2. $\beta = 1$ のとき ϕ は 90° となる。すなわち，危険速度のとき OS と SG は直交する（図 11-9 (b) 参照）。
3. $\beta \gg 1$ のとき，ϕ は 180° となり，OS と SG が逆位相となる。すなわち，図 11-6 の OS と SG は折り重なる。

$\beta \gg 1$ のとき回転半径 r が e に漸近するため，重心 G と原点 O はほぼ一致する（図 11-9 (c) 参照）。

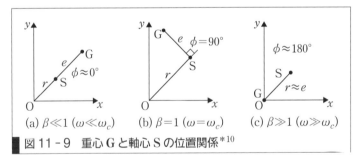

図 11-9 重心 G と軸心 S の位置関係[*10]

以上より，弾性軸を有するロータは ω が高速になるに従い重心位置がずれていき，危険速度を超えて ω の値が十分大きくなる高速回転域では重心 G が原点 O とほぼ一致する現象が生じる。このとき，重心 G はほとんど動かなくなる。これを**自動調心作用**（self-centering）と呼ぶ[*11]。

例題 11-2 質量 $m = 20$ kg の円板が，直径 $d = 25$ mm, 長さ $L = 800$ mm, 縦弾性係数 $E = 206$ GPa の回転軸の中央に取りつけられ，回転軸の両端が単純支持されている。$\omega = 800$ rpm のとき，円板取りつけ位置での回転軸のふれまわり半径 r が 1.5 mm であった。

[*9]
危険速度は，JIS 規格では以下のように定義されている。
（参考：JIS B 0153:2001 機械振動・衝撃用語, 2.77）
危険速度：系の共振が励振されている特有の速度。
備考 1. 回転機械系の危険速度は，その系の共振振動数（共振振動数の倍数及び約数も含むことがある。）に等しい回転系の速度である。例えば，単位時間当たりの回転系の回転速度は，共振振動数に等しい。
2. 幾つかの回転系がある場合，全体系の各モードに対応するいくつかの危険速度がある。

[*10]
偏心量 e は不変だが，原点 O から軸心 S までの距離 r は変化することに注意。

[*11]
章とびらでも述べたが，自動調心作用を応用した身近な例として，二槽式洗濯機の脱水機がある。脱水機は回転速度が遅いときはガタついて振動するが，回転速度が速くなるとスムーズに回転する。また，送りねじの自動調心について調べた研究（下記）もある。
（参考：中島ら，送りねじの自動調心作用，日本機械学会論文集（第 3 部），Vol.43, No.376, (1977), pp.4688-4696.）

この系の危険速度 ω_c と円板の偏心量 e を求めよ。ただし，系の減衰は無視するものとする。

解答 軸の断面二次極モーメント

$$I_p = \left(\frac{\pi}{64}\right)d^4 = \left(\frac{\pi}{64}\right)(25 \times 10^{-3})^4 = 1.917 \times 10^{-8} \text{ m}^4$$

軸のばね定数 $k = \dfrac{48EI_p}{L^3} = \dfrac{48(206 \times 10^9)(1.917 \times 10^{-8})}{0.8^3}$

$$= 3.702 \times 10^5 \text{ N/m}$$

危険速度　$\omega_c = \sqrt{\dfrac{k}{m}} = \sqrt{\dfrac{3.702 \times 10^5}{20}} = 136.1 \text{ rad/s}$

$$N_c = 136.1 \times \frac{60}{2\pi} = 1299 \text{ rpm}$$

$$\omega = 800 \text{ rpm},\ 800 \times \frac{2\pi}{60} = 83.78 \text{ rad/s}$$

式 11-12 で $c = 0$ のとき，偏心量 e は，

$$e = \frac{k - m\omega^2}{m\omega^2}r = \left(\frac{k}{m\omega^2} - 1\right)r = \left(\frac{3.702 \times 10^5}{20 \times 83.78^2} - 1\right) \times 1.5$$

$$= 2.45 \text{ mm}　となる。$$

例題 11-3 図 11-10 に示すように，ばね定数 k_B のベアリングで両端支持されているばね定数 k_S の軸の中央に，質量 m の円板が取りつけられている。$k_B = 30$ kN/m，$k_S = 10$ kN/m，$m = 20$ kg のとき，危険速度は何 rpm になるか。

解答 $2k_B$ と k_S の直列結合より，合成ばね定数 k は

$$k = \frac{2k_B k_S}{2k_B + k_S} = 8.57 \text{ kN/m}$$

と表せる。危険速度 ω_c，N_c は

$$\omega_c = \sqrt{\frac{k}{m}} = \sqrt{\frac{8.57 \times 10^3}{20}} = 20.7 \text{ rad/s}$$

$$N_c = 20.7 \times \frac{60}{2\pi} = 197.7 \text{ rpm}　となる。$$

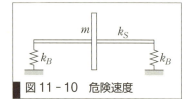

図 11-10　危険速度

11　3　回転軸のねじり振動

　私たちの身のまわりにある機械装置のほとんどには，動力からのトルクを伝達する回転軸が入っている。たとえば，自動車のエンジンから車輪にトルクを伝えるプロペラシャフト，船舶のスクリュー軸，工作機械をはじめさまざまな機械装置に利用されている歯車軸などがある。これらの回転軸に，たとえばエンジンの回転数変動，歯車軸のかみ合い不良などに起因したトルク変動が生じるとき，ねじり振動が発生する場合がある。ねじり振動は回転軸の疲労破壊の原因となるため，注意が必要である。

　本書では，第3章で1自由度系のねじり振動モデル，第10章の演習問題10-B3で連続体のねじり振動モデルについてすでに示している。本節では，1自由度系のねじり振動モデルである1円板ロータ，2自由度系のねじり振動モデルである2円板ロータについて述べる。

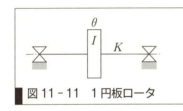

■ 図 11 - 11　1円板ロータ

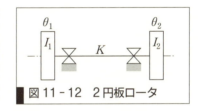

■ 図 11 - 12　2円板ロータ

　図11-11に1つの円板をもつロータを示す。この系の運動方程式は，ロータの角変位をθとすると，

$$I\ddot{\theta} = -K\theta \qquad 11-16$$

$$\ddot{\theta} + \frac{K}{I}\theta = 0 \qquad 11-17^{*12}$$

*12 式3-29と同じ。

となり，固有角振動数ω_nは次式となる。

$$\omega_n = \sqrt{\frac{K}{I}} \qquad 11-18^{*13}$$

*13 式3-30と同じ。

ここで，Iはロータの慣性モーメント，Kは軸のねじり剛性である。

　図11-12に2つの円板をもつロータを示す。この系の運動方程式は，各ロータの角変位をθ_1, θ_2，慣性モーメントをI_1, I_2とすると，

$$\begin{cases} I_1\ddot{\theta}_1 = -K(\theta_1 - \theta_2) \\ I_2\ddot{\theta}_2 = -K(\theta_2 - \theta_1) \end{cases} \qquad 11-19$$

となる。解を次式のように仮定する。

$$\theta_1 = a_1 \sin\omega_n t, \quad \theta_2 = a_2 \sin\omega_n t \qquad 11-20$$

$$\ddot{\theta}_1 = -a_1\omega_n^2 \sin\omega_n t, \quad \ddot{\theta}_2 = -a_2\omega_n^2 \sin\omega_n t \qquad 11-21$$

式11-20, 11-21を式11-19に代入してa_1, a_2について整理すると，以下が得られる。

$$\begin{cases}(K-I_1\omega_n^2)a_1 - Ka_2 = 0 \\ -Ka_1 + (K-I_2\omega_n^2)a_2 = 0\end{cases} \quad 11\text{-}22$$

a_1, a_2 が同時に 0 にならないことから，以下の振動数方程式が得られる*14。

$$(K-I_1\omega_n^2)(K-I_2\omega_n^2) - K^2 = 0 \quad 11\text{-}23$$

これを ω_n について解くと，次式が得られる。

$$\omega_n = 0, \quad \sqrt{\frac{I_1+I_2}{I_1 I_2}K} \quad 11\text{-}24$$

*14
$A = (a_1, a_2)^T$ (T は転置行列) とすると，式 11-22 は
　$KA = 0$
で表される。A が非自明解をもつ ($a_1 = a_2 \neq 0$) ための条件は K の行列式
　$\det K = 0$
となることである。
したがって，式 11-23 が求められる（第 10 章 10-B3 と同じ手法である）。

例題 11-4 図 11-13 に示す 2 円板ロータの固有角振動数を求めよ。軸は，ねじり剛性 K_1 と K_2 の軸が中心で接合しているものとする。

解答 2 つのばねが直列つなぎになっていると考えられるので，合成ばね定数 $K = K_1 K_2/(K_1+K_2)$ を式 11-24 の K に代入すると以下の解が得られる。

$$\omega_n = \sqrt{\frac{I_1+I_2}{I_1 I_2} \cdot \frac{K_1 K_2}{K_1+K_2}} = \sqrt{\frac{K_1 K_2(I_1+I_2)}{I_1 I_2(K_1+K_2)}}$$

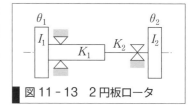

図 11-13　2 円板ロータ

演習問題 A　基本の確認をしましょう

11-A1 剛体軸に取りつけた半径 50 mm の薄い円板を回転させる。円板の中心から 20 mm の位置に 30 g の不つり合い質量があるとき，円板の円周上に質量を付加し，つり合わせたい。不つり合い質量からみてどの位置に何 g の付加質量を与えればよいか。なお，円板は軸に対し傾いていないものとする。

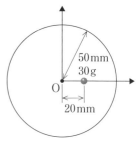

図ア　1 面つり合わせ

11-A2 図イは，ホブ盤*15 のモデルである。$P = 0.5$ kg mm，$Q = 10$ kg mm の不つり合いがあるとき，L 面と R 面の半径 200 mm の円周上に質量を付加し，つり合わせたい。それぞれ何 g の付加質量をどの位置に埋め込めばよいか。なお，付加質量の方向は P の方向を基準とし，反時計回りで示すこと。

*15
ホブ盤とは歯車を作る工作機械である。円筒の周囲に刃のついたホブと呼ばれる工具を回転させ，工作物を切削する。重いフライホイールがついており，フライホイールの慣性力が大きいため，切削抵抗に負けず安定してホブを回転させることができる。
WebにLink

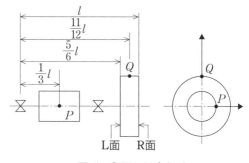

図イ　2 面つり合わせ

11-A3 *16 図ウのように，両端が単純支持されている直径 38 mm の軸がある。$L = 4$ m で，$a = 0.8$ m の点 C の位置に質量 50 kg のロータがついており，これが軸に荷重 P を与えている。支点 A, B の反力を R_A, R_B とし，軸の縦弾性係数 $E = 206$ GPa としたとき，以下の問いに答えよ。

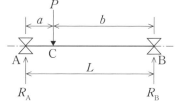

図ウ

(1) 図ウの軸のばね定数 k が

$$k = \frac{3EI(a+b)}{a^2 b^2}$$

となることを示せ*16。

(2) 図ウの軸の危険速度を求めよ。

(3) 軸の直径を太くすると危険速度はどのように変化するか。

*16 **ヒント**
11-A3
(1) 片持ちはりのたわみ量
$$\delta = \frac{Fl^3}{3EI}$$
(p.23 表 2-1) を利用し，カスティリアノの定理を用いる。カスティリアノの定理は「PEL 材料力学」の第 12 章を参照のこと。

11-A4 図 11-11 の 1 円板ロータに作用するトルク T_r が $T_{r0} \sin\omega t$ で変動しているとき，ねじり振動が非常に大きくなる ω を求めよ。

演習問題 B　もっと使えるようになりましょう

11-B1 多数の円板をもっている回転軸の危険速度は，以下の実験式で求められる（ダンカレーの公式）。

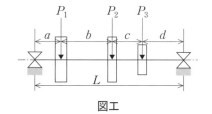

図エ

$$\frac{1}{\omega_c^2} = \frac{1}{\omega_1^2} + \frac{1}{\omega_2^2} + \cdots + \frac{1}{\omega_n^2}$$

$\omega_1, \omega_2, \cdots, \omega_n$ は，円板 1 枚ずつの第 1 次危険速度（第 1 次固有角振動数）である。これを用い，図エに示す軸の危険速度を求めよ。軸は直径 8 cm 丸棒であり，長さ $L = 2$ m，$a = 0.3$ m，$b = 0.8$ m，$c = 0.4$ m，$d = 0.5$ m，各ロータが軸におよぼす荷重はおのおの $P_1 = 300$ N，$P_2 = 200$ N，$P_3 = 100$ N とする。軸の縦弾性係数 $E = 206$ GPa，重力加速度 g = 9.8 m/s^2 として求めよ。

あなたがここで学んだこと

この章であなたが到達したのは
- □ 静不つり合い，動不つり合いを説明できる
- □ 剛性回転体のつり合わせ（バランシング）を計算できる
- □ 弾性軸をもつロータ（ジェフコットロータ）の運動方程式を作ることができる
- □ 危険速度を計算できる
- □ 自動調心作用について説明できる
- □ 軸のねじり振動の運動方程式を導出できる
- □ 複数の円板をもつロータのねじり振動の固有角振動数を計算できる

本章では，回転体の振動を低減する手法として，つり合わせ（バランシング），自動調心作用について学習した。日本製の脱水機や遠心分離機は，自動調心作用が効果的に働くよう，剛性を低くし，危険速度より高い回転数で運転するように設計されている。一方，剛性の高い回転機械は危険速度より低い回転数で運転するか，綿密なバランシングにより高速回転でも大きな遠心力が働かないように調整してある。このように，機械力学で振動の理論を学び，設計や運転方法を考えることで性能のよい機械を作ることが可能になる。振動の理論は無味乾燥に思われがちだが，我々の生活に役立つさまざまな情報を含んでおり，応用範囲も非常に広い。将来エンジニア，研究者になる人にはぜひ深く学習してほしい。

12章 振動計測とその方法

機械工学のさまざまな分野で，コンピュータシミュレーションが進歩し，多くの現象がコンピュータシミュレーションで解明されるようになってきた。しかし線形解析の範囲であっても，減衰特性の正確なモデル化は難しく，実測に合うように定めるしかない。まして非線形特性は，CAD図面のみを見ていてはわからない。いかにコンピュータシミュレーションが進歩しても，振動計測がまったく不要になることはないといえる。

しかしせっかく振動計測を行うことを決めても，適切な計測を行わなければ，振動状態の正しい把握ができなかったり，正しいモデル化ができなかったりする。振動計測には経費と時間がかかるので，適切な計測のための基礎知識が必要である。

図Aは，自動車用のタイヤである。溝部まで考えると非常に複雑な形状をしている。このタイヤに，図Bのように三軸加速度計を直接貼付し，インパクトハンマによって打撃力を与えたときの応答から，タイヤの基本的な振動特性を知ることができる。その情報を利用してタイヤの適切なモデル化が可能となり，コンピュータシミュレーションの精度向上が期待できる。

図A　自動車用タイヤ

図B　加速度計の貼付，インパクトハンマによる打撃

●この章で学ぶことの概要

本章では，振動計測のためのセンサの種類と原理，センサの取り扱いの注意，対象物への入力（外力）の種類について学ぶ。

予習　授業の前にやっておこう!!

1自由度系の運動方程式
自由振動　$m\ddot{x} = -c\dot{x} - kx$
強制振動　$m\ddot{x} = -c\dot{x} - kx + F\cos\omega t$

1. 固有角振動数 ω_n はどのように定義されるか。

2. 減衰比 ζ はどのように定義されるか。

WebにLink

12・1　振動計測の目的

　これまで1自由度系，2自由度系，連続体，回転機械の振動の理論解析を学んだが，すべての振動現象を理論解析のみから解明することは困難である。たとえば環境の影響を受ける減衰特性や，結合部の接触による非線形性などを正確にモデル化して理論解析することは大変難しく，実際の振動データに基づいて議論することが必要になる。

　また実際の機械・機器の設計の際には，理論解析やコンピュータシミュレーションによって性能などを予測するが，多くの場合，実機または模型による実証試験が求められる。その際には，振動の計測が必要となる。

　さらに実際に稼働している機械が正常に運転されているかどうかを判定し，異常が発生した場合に原因を究明するためにも振動の計測が必要となる。

　少し異なる観点から考えると，第3章で学んだように，減衰自由振動の波形から固有振動数や減衰比が推定できるし，第5章の強制振動の周波数応答関数から，半値幅法[*1]を利用して固有振動数や減衰比を推定することもできる。このように，振動データから，対象物の動特性（モード特性）を求めることも重要であり，そのためにも振動計測の知識が必要となる。

*1
Don't Forget!!
半値幅法は，実際にもよく使われる。

12・2　振動センサの種類と原理

　実際に測定される物理量は変位，速度あるいは加速度である。そしてそれらの波形を計測するセンサは，**接触型**と**非接触型**に大別される。接触型は，対象物に直接センサを取りつけて振動の絶対値（空間に固定さ

れた座標系を基準にした値）を計測するものであり，非接触型は，対象物から離れた位置にセンサを配置し，対象物とセンサとの相対値を測定するものである。たとえば回転機械の軸振動を計測する場合は，軸自身が回転しているので，ケーシングに埋め込まれた非接触変位計を用いる場合が多い。同じ回転機械でも軸受箱の振動は，接触型の加速度計が適当である。

　実際の振動計測で比較的よく用いられるのは，非接触型の変位計（渦電流式，レーザ式），非接触型の速度計（レーザドップラー式）と接触型の加速度計（ピエゾ式）であろう。それぞれの測定原理を以下に示す。なお本節の図は原理を表すものであり，実際のセンサの断面図などではない。

渦電流式変位計（図12-1）
　センサヘッド内部のセンサコイルに高周波電流を流し，高周波磁界を発生させる。そしてこの磁界内に測定物があると，センサと測定物の距離に応じた渦電流が測定物表面に発生し，測定物を含むセンサコイルのインピーダンス[*2]が変化する。そのインピーダンス変化を電圧変化として取り出し，変位に換算する。

[*2]
インピーダンス
＝加えられた電圧の大きさ／回路に流れる電流の大きさである。
測定物表面に発生した渦電流の影響で，センサのインピーダンスが変化する。

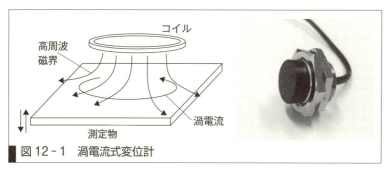
図12-1　渦電流式変位計

レーザ式変位計（図12-2）
　発光素子と受光素子を組み合わせ，三角測量を応用して変位を測定する。測定物からの反射光は受光素子上にスポットを結ぶので，測定物が振動したときのスポットの位置を検出することで距離をはかることができる。

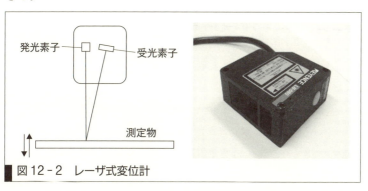
図12-2　レーザ式変位計

レーザドップラー式速度計(図12-3)

ある一定の周波数成分をもつレーザ光を，ある速度で移動している物体に照射すると，移動物体のもつ速度成分に比例して周波数(波長)が変化する。これをドップラーシフトあるいはドップラー効果と呼ぶ。レーザドップラー式速度計は，この原理を利用して対象物の速度を測定する。図12-3はドップラーシフトの原理を表す。

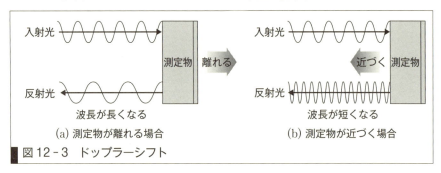

図12-3　ドップラーシフト

ピエゾ式加速度計(図12-4)

圧電性のある物体に力を加えると電圧が生じる現象，あるいは電圧を加えると力を発生する現象が**圧電効果**であり，この効果を利用した素子を**圧電素子**あるいは**ピエゾ素子**と呼ぶ。センサ内部に圧電素子と錘が配置され，測定物の振動によって錘が振動し，圧電素子が伸び縮みする。このとき圧電効果によって，力の大きさに応じた電圧が出力されるので，錘の質量を考慮して加速度を換算する。図12-4は1つの方向の加速度を測定するセンサの原理であるが，実際には3つの方向の加速度を測定するセンサも使われている(本章とびらの図Bの加速度計は，3方向の加速度が測定可能である)。

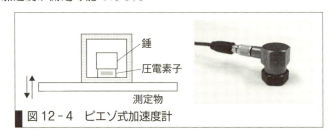

図12-4　ピエゾ式加速度計

ロードセル(図12-5，図12-6)

ここで，第13章の実験モード解析で必要になるロードセル(力センサ)についても述べておく。第3章の振動の運動方程式，たとえば式3-32を見ると，左辺の変数は変位x，速度$\dot{x}$，加速度$\ddot{x}$であり，それらは先に説明した変位計，速度計あるいは加速度計から直接得られたり，演算によって得られたりする値である。一方，運動方程式の右辺の力は

どのようにして計測するのであろうか。そのために必要になるのがロードセルである。

ロードセルには大きく分けて**ピエゾ式**と**ひずみゲージ式**がある。ピエゾ式のロードセルの原理は、ピエゾ式の加速度計と基本的には同じである。ロードセルの上面と下面に力が作用すると、その間にある圧電素子が変形し、圧電効果によって変形量に応じた電圧を出力する。その電圧の大きさを力の大きさに変換して求める。一方、ひずみゲージ式のロードセルの場合、センサ内に、中央に突起を有する両端固定のはり構造を有し、はりにはひずみゲージが貼付されている。ロードセルの上面と下面に力が作用すると、突起が押されることではりが変形し、ひずみに応じた電圧を出力する。その電圧の大きさを力の大きさに変換して求める。

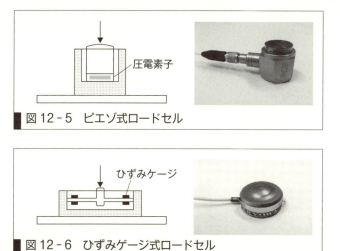

図12-5　ピエゾ式ロードセル

図12-6　ひずみゲージ式ロードセル

ピエゾ式とひずみゲージ式の重要な違いは、ピエゾ式は静的な力の測定ができないが、ひずみゲージ式は可能である点である。圧電素子は力が加わったときあるいは除かれたときにのみ電気信号を発生するため、ピエゾ式は定常的な加振力や、きわめて短い時間に作用する打撃力を測定することはできるが、ゆっくりと変化する力の測定は苦手である。

なお、これらはあくまでも原理を説明したものであり、実際のセンサはさまざまな工夫により、精度の向上、適用範囲の拡大がはかられている。

12.3　センサの取り扱い

前節で代表的な振動センサについて述べたが、稼働中の機械にセンサを取りつけて振動データを計測する場合には、さまざまな点に注意が必要である。ここでは最も一般的に使用される接触型センサを想定する。

① センサの取りつけが対象物の振動特性におよぼす影響をできるだ

け低減することが重要となる。センサの重さの考慮はもちろんであるが，センサからデータを取り出すケーブルの動きは，対象物の減衰特性に影響をおよぼすので注意が必要である。

② センサには適正な測定範囲，周波数帯域があるので，対象物の振動状態を正確に見積もり，最も適したセンサを選択することが重要である。変位，速度，加速度は，数学的には単純な微分・積分の関係であるが，実際の測定を考えると，周波数が低い場合は変位で，周波数が高い場合には加速度で測定したほうが，一般的には精度よく測定できる。これは，たとえば加速度は変位 (A) に周波数の二乗を乗じた大きさ ($A\omega^2$) を有しているので，同じ感度の加速度計であれば，高い周波数のほうが，加速度の変化を敏感にとらえられることから理解ができる。

③ センサの取りつけ方にも注意が必要である。接触型の加速度計は，金属ねじで対象物に取りつけると高周波数まで特性がよいが，取りつけ位置を変更するのに手間がかかる。そこで通常はワックスによって取りつけることが多い。ワックスによる取りつけは，比較的高周波数まで特性はよいが，振動振幅が大きい場合は対象物から逸脱する恐れがあるため，瞬間接着剤を用いて取りつけることも行われている。

12・4 振動計測のための入力の種類

ここでは，対象物が振動する原因について理解を深める。それは次の3つに分類される。

12-4-1 常時微動入力による振動計測

高層ビルや橋梁の振動特性を調べる際に，加振器などで外部から外力を与えることは現実的ではない。そのため，高層ビルであれば風によって発生する微振動や，橋梁であれば橋を走行する車両によって生じる振動を計測し，対象物の振動特性を調査することが行われている。このとき，入力（外力）の正確な情報は計測していないが，常時微動による入力は，ランダム波による加振に相当すると考えられるので，応答データを周波数分析すると対象物の固有振動数に相当する周波数成分に顕著なピークが現れる。

12-4-2 実稼働入力による振動計測

自動車や電車などが実際に走行しているときや，各種機械が通常の運転をしているときの評価点などの振動を測定するものである。たとえば

自動車において，エンジン振動がどのような経路を通って運転者に伝わるかを解析する伝達経路解析の一つの方法として，実稼働伝達経路解析がある。また，稼働中の回転機械の振動状態を常時監視し，異常発生の検知や異常原因の解明に利用している。

12-4-3 外部加振入力による振動計測

加振装置を用いて対象物を加振し，いくつかの点で振動データを測定するものである。加振情報もロードセルで測定することができ，加振データと振動データの関係から，対象物の振動特性を調べることができる。一般に**実験モード解析**（experimental modal analysis）と呼ばれる。加振装置としては，インパクトハンマや動電型加振器が用いられる。

インパクトハンマ（図12-7）

図12-7 インパクトハンマ

ハンマ状の打撃装置の打撃部にロードセルを装着したものであり，インパルス状の加振力を対象物に与えることができる。インパルス状の波形であるから広い周波数帯域の成分を有しており，一度の打撃加振で広い周波数帯域の情報を得ることができる。

打撃部先端に取りつけるチップの種類によって，作用させる打撃力の周波数帯域が決まるので，実際に打撃を行う際には，対象物の固有振動数などを考慮して周波数帯域を定め，その帯域が十分に加振できる先端チップを選択する必要がある。

動電型加振器（図12-8）

図12-8 動電型加振器

磁界中に置かれたムービングコイルに電流を流して駆動させ，その結果，コイルに直結する振動面が並進運動するものである。振動面にロッドを取りつけ，ロッドの他端を，ロードセルを介して対象物に取りつけることで，実際に作用する力を測定しながら，対象物を加振することができる。具体的な使用方法の一例が，次章の図13-8に示してある。動電型加振器は，目的とする波形の再現性

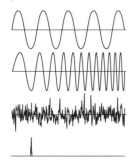

上から正弦波，サインスイープ波，ランダム波，インパルス波の一例である。

がよく，広い周波数帯域をカバーできるという特徴を有する。加振信号[*3]としては，正弦波，サインスイープ波，ランダム波などが選べる。正弦波は，加振周波数を一つに定めて加振するものであり，サインスイープ波は，サイン波の周波数を一定速度で連続的に変化させる波である。またランダム波は，設定された周波数帯域のすべての周波数成分が含まれた波である。すなわちインパクトハンマによるインパルス加振と，動電型加振器によるランダム加振は，加振力を周波数分析すると同じ性質をもっている。

演習問題　A　基本の確認をしましょう

12-A1　振動センサは，対象物との位置関係で2種類に大別できる。それぞれ，どのような形式と呼ばれるか。

12-A2　自動車の運転中に，インストルメント・パネル（インパネ）の振動を測定しようとする場合，どのような振動センサが適しているか。

12-A3　モータの回転軸の軸振動を測定しようとする場合，どのような振動センサが適しているか。

12-A4　対象物の振動を，対象物に加速度計を直接貼付して測定する場合の注意点を述べよ。

12-A5　対象物の固有振動数や減衰特性を実験的に推定する技術は何と呼ばれているか。

演習問題　B　もっと使えるようになりましょう

12-B1　ひずみゲージ式ロードセルが，ゆっくりと変化する力を測定できるのはなぜか。

12-B2　建物の壁に加速度計を貼付し，地面と水平方向の加速度を測定可能であるとする。測定データから何を知ることができるか。

:::
あなたがここで学んだこと

この章であなたが到達したのは
- □振動計測のためのセンサの種類と原理が理解できる
- □センサの取り扱いの注意事項が説明できる
- □対象物への入力（外力）について説明できる

　本章では，機械や構造物の振動状態を実際に測定する際に必要となるさまざまな事項について説明した。どんなにコンピュータシミュレーションが進歩しても，その結果はあくまでも，シミュレーションのために仮定したモデルに基づくものであり，必ずしも実際に起きている現象と完全に一致するわけではない。機械工学の技術者として，シミュレーション結果がどの程度信頼できるかをみきわめることは非常に重要であり，そのためにも，実際の振動測定の経験を積み，エンジニアとしての「勘」を養ってほしい。
:::

13章 データ解析の方法

第12章で振動データをどのように計測するかを学んだ。実測データは「情報の宝庫」なので，そこから有効な情報をうまく引き出す必要がある。本章では，アナログデータをデジタルデータに変換することを前提とし，時間領域からフーリエ変換領域（周波数領域）へ変換する方法を説明する。たとえば図Aのような変位データが測定されたとき，何が読み取れるだろうか。そのための強力なツールが周波数分析である。

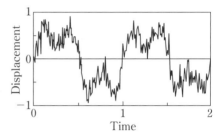

図A　変位データの一例

さらに単純な実験装置を用いた具体的な実測データを示し，実験モード解析の基礎を学ぶ。そして振動工学の基礎方程式における数学上の扱いと，実際の現象との対応について理解する。

本文中では，対象物（図13-8）を動電型加振器でランダム加振したデータを示すが，12-4節で説明したように，打撃加振でも同様の結果を得ることができる。図Bは，図13-8とは別の実験装置を，実際にインパクトハンマで打撃したときの打撃力（図(a)）と加速度（図(b)）の実測データである。これらから何が得られるだろうか。

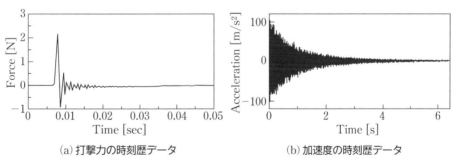

(a) 打撃力の時刻歴データ　　(b) 加速度の時刻歴データ

図B　時刻歴データ

●この章で学ぶことの概要

この章では，データ処理に関するさまざまな変換，対象物のモード特性同定の実例について学ぶ。

> **予習 授業の前にやっておこう!!**
>
> **減衰1自由度振動系の運動方程式**
>
> 自由振動　　$m\ddot{x} = -c\dot{x} - kx$
>
> 強制振動　　$m\ddot{x} = -c\dot{x} - kx + F\cos\omega t$
>
> 1. 自由振動波形から固有角振動数 ω_n，減衰比 ζ はどのように求められるか。
>
> 2. 強制振動の周波数応答関数から固有角振動数 ω_n，減衰比 ζ はどのように求められるか。

13・1　データ処理

計測された振動データから対象物の動特性に関する情報を得る場合，時刻歴データそのものを検討する場合と，時刻歴データをデータ処理して周波数分析した結果を検討する場合がある。時刻歴データ $x(t)$ をデータ処理する場合のいくつかの変換公式を以下に示す。

時間領域のデータをフーリエ変換領域[*1]のデータに変換する基本的な変換公式はフーリエ変換である。

[*1] ここではフーリエ変換領域と説明するが，周波数領域といってもよい。

フーリエ変換 (Fourier transform)

$$X(\omega) = \int_{-\infty}^{\infty} x(t) e^{-j\omega t} dt \qquad 13-1$$

ここで ω は角振動数である。

データ処理するための時刻歴波形はデジタルデータに変換されているので，式13-1は離散化されたデータに対して，以下のように定義される。

離散フーリエ変換[*2] **(discrete Fourier transform)**

$$X(k) = \frac{1}{N} \sum_{n=0}^{N-1} x(n) \exp\left(-\frac{j2\pi kn}{N}\right) \qquad 13-2$$

[*2] 離散フーリエ逆変換は
$$x(n) = \sum_{k=0}^{N-1} X(k) \exp\left(\frac{j2\pi kn}{N}\right)$$
と定義される。式13-2の右辺の係数 $1/N$ と，上式の右辺の係数1は，両者を乗じて $1/N$ になることに意味があり，逆に書いてあるテキストもある。

ここで，N は時刻歴データの分割総数，$x(n)$ は n 番目の離散化データ，$X(k)$ は k 番目の計算結果である。この計算式を見ると，1つの $X(k)$ を求めるために，N 回の乗算と加算が必要であり，N 個の k を求めるためには N^2 の演算が必要である。したがって N の値が大きくなると，演算回数は非常に増大してしまう。この問題を解決するために考案されたのが**高速フーリエ変換** (fast Fourier transform : FFT) である。ここではその計算手法の説明は省略するが，実際のデータ処理を行ううえで，FFT の果たす役割はきわめて大きい。

系の入出力関係（時間領域 – フーリエ変換領域）

対象とする振動系の単位インパルス応答[*3]を $h(t)$，振動系に作用する外力（入力）を $f(t)$ とすると，応答（出力）$x(t)$ は，**たたみ込み積分** (convolution integral) を利用して

$$x(t) = \int_{-\infty}^{\infty} f(\tau)h(t-\tau)d\tau \qquad 13-3$$

となる．この式の両辺をフーリエ変換すると

$$\int_{-\infty}^{\infty} x(t)e^{-j\omega t}dt = \int_{-\infty}^{\infty} \left\{\int_{-\infty}^{\infty} f(\tau)h(t-\tau)d\tau\right\}e^{-j\omega t}dt \qquad 13-4$$

となり，左辺は定義により $X(\omega)$ である．右辺の積分の順番を入れ替え，$t-\tau=\alpha$ とおくと

$$X(\omega) = \int_{-\infty}^{\infty} f(\tau)e^{-j\omega\tau}d\tau \left\{\int_{-\infty}^{\infty} h(\alpha)e^{-j\omega\alpha}d\alpha\right\} = F(\omega)H(\omega) \qquad 13-5$$

となる．すなわち，系の入出力関係は，時間領域ではたたみ込み積分が必要であるが，フーリエ変換領域ではたんなる乗算となる．

[*3] 振動系に単位インパルスを作用させたときの応答．たとえば1自由度粘性減衰系の場合は

$$h(t) = \frac{1}{m\omega_d}e^{-\zeta\omega_n t}\sin\omega_d t$$

となる．

自己相関関数（auto correlation function）

2つの同じ波形の一方に時間遅れを与えたうえで，2つの波形の相関度を見る指標である．

$$R_{xx}(\tau) = \int_{-\infty}^{\infty} x(t)x(t-\tau)dt \qquad 13-6$$

パワースペクトル密度関数（power spectrum density function）

自己相関関数のフーリエ変換として与えられる．

$$\phi_{xx}(\omega) = \int_{-\infty}^{\infty} R_{xx}(\tau)e^{-j\omega\tau}d\tau = X(\omega)X(\omega)^* = |X(\omega)|^2 \qquad 13-7$$

ここで，( )* は ( ) の複素共役を表す．

相互相関関数（cross correlation function）

2つの異なる波形の時間遅れに対する相関度を見る指標である．

$$R_{yx}(\tau) = \int_{-\infty}^{\infty} y(t)x(t-\tau)dt \qquad 13-8$$

クロススペクトル密度関数（cross spectrum density function）

相互相関関数のフーリエ変換として与えられる．

$$\phi_{yx}(\omega) = \int_{-\infty}^{\infty} R_{yx}(\tau)e^{-j\omega\tau}d\tau = Y(\omega)X(\omega)^* \qquad 13-9$$

周波数応答関数（frequency response function）

入力（外力）に対する出力（応答）の比を周波数領域で表したものである．すなわち式 13-5 より

$$H(\omega) = \frac{X(\omega)}{F(\omega)} = \frac{X(\omega)F(\omega)^*}{F(\omega)F(\omega)^*} \qquad 13-10$$

*4
式13-10は,応答 $X(\omega)$ に比較的多くのノイズが含まれる場合に用いられる式で $H_1(\omega)$ といわれる。一方で,外力 $F(\omega)$ に比較的多くのノイズが含まれる場合には

$$H_2(\omega) = \frac{X(\omega)}{F(\omega)} = \frac{X(\omega)X(\omega)^*}{F(\omega)X(\omega)^*}$$

が用いられる。数学的には式13-10も上式も同じであるが,平均化によって不規則な誤差を最小化するためには,どの周波数応答関数の導出式を利用するかも重要である。

*5
サンプリング定理とは
原波形にはさまざまな周波数成分が含まれている。一般にサンプリング周波数は,自分が取り扱いたい周波数の2倍以上に設定しなければならない。これをサンプリング定理という。

*6
ハニング窓を表す式は
$$w(t) = \frac{1}{2}\left(1 - \cos 2\pi \frac{t}{T}\right)$$
ただし T は1フレームの時間長さであり,具体的な波形はたとえば図13-5となる。

であり,分子はクロススペクトル密度関数,分母はパワースペクトル密度関数である[*4]。

コヒーレンス関数(coherence function)

コヒーレンス関数の定義は

$$\gamma_{fx}(\omega)^2 = \frac{|X(\omega)F(\omega)^*|^2}{|X(\omega)|^2|F(\omega)|^2} \qquad 13-11$$

であり,入出力間の線形関連度を表す。入出力間の線形関係が保たれ,ノイズの混入などがない場合,コヒーレンス関数は1になるので,データ処理を行う際にコヒーレンス関数をチェックし,値が著しく小さい場合は,そのデータは採用しないほうがよい。

以上はデータ処理の定義式であるが,実際に時刻歴波形を処理する際には,エリアジングやリーケージと呼ばれる現象に注意が必要である。

エリアジング(aliasing)とは,着目する周波数に対して適正な周波数分解能を設定しないと,実在しない周波数成分を計算上求めてしまう現象である。本章とびらの図Bを例として説明する。一般に解析装置では1フレームの周波数レンジあるいは測定時間,サンプル数を設定する。この図Bの実験では,周波数レンジを1 kHz,サンプル数を16384点に設定した。サンプリング周波数は(周波数レンジ)$\times 2.56 = 1.56$ kHz,サンプリング時間(時間分解能)は1/サンプリング周波数 $= 3.90625 \times 10^{-4}$ sec,データ長はサンプル数 $\times$ サンプリング時間 $= 6.4$ sec となる。このとき,原波形の周波数がサンプリング周波数の1/2より小さい場合は,原波形を再現することができる。これが**サンプリング定理**である[*5]。

また**リーケージ**(leakage)とは,実際には連続している時刻歴波形から,計算のために適当な区間を切り取った場合,切り取りの始点と終点が不連続であることに起因する誤差である。これを防ぐためには,原波形に**窓関数**(window function)を乗じて,計算区間の始点と終点の値を一致させることが有効である。窓関数にはさまざまなものがあるが,連続的な波形に対しては,**ハニング窓**(Hanning window)[*6]が一般的である。

リーケージを,周波数1.0の定常な正弦波の周波数分析によって説明する。図13-1は周波数1.0の正弦波が1フレームに5周期測定されている。この波形をFFTし,フーリエスペクトルを求めると図13-2となり,正しく周波数分析が行われている。

一方,図13-3は,図13-1と同じデータを4.5周期測定したものである。このとき,1フレームの始点と終点をつなぎ合わせても,正しい正弦波にはならない。この波形をFFTしてフーリエスペクトルを求めると図13-4となり,周波数1.0の成分が大きいが,その周辺の成分

も大きくなっている(リーケージとは**漏れ**という意味であり，正しい周波数の周囲に成分が漏れることを意味する)。そこで窓関数の一つであるハニング窓(図13-5)*7を時刻歴波形に乗じると図13-6となり，この波形にFFTを施した結果を図13-7に示す。周波数1.0の周辺への漏れは抑制されたが，スペクトルの大きさが小さくなっているので，大きさについては十分注意が必要である。

*7
1フレーム内に同じような大きさの測定データが連続的に存在する場合はハニング窓が適当であるが，本章とびらの図B(a)(b)のようなデータに対しては，必ずしもハニング窓は適当ではない。図(a)に対してはフォース窓関数，図(b)に対しては指数窓関数が用いられる場合もある。

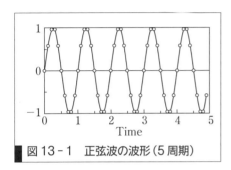

図13-1 正弦波の波形(5周期)

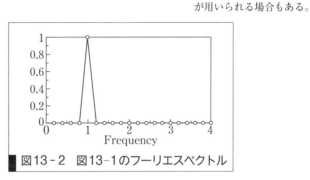

図13-2 図13-1のフーリエスペクトル

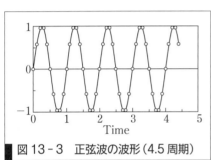

図13-3 正弦波の波形(4.5周期)

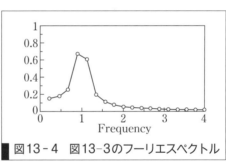

図13-4 図13-3のフーリエスペクトル

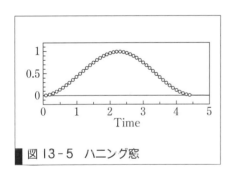

図13-5 ハニング窓

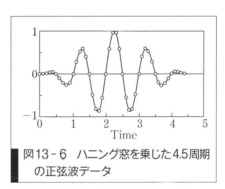

図13-6 ハニング窓を乗じた4.5周期の正弦波データ

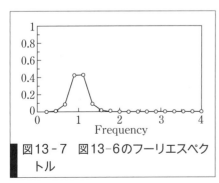

図13-7 図13-6のフーリエスペクトル

*8 ローパスフィルタは，特定の周波数よりも低い周波数帯域の成分を通過させ，高い周波数成分カットする特性を有する。ただしフィルタを通過させることで実際のデータの位相を変化させてしまうので，注意が必要である。

　窓関数はリーケージを防ぐために有効であるが，一方で窓関数を作用させることによって，原波形をゆがめているともいえる。
　さらにこのようにして得られたフーリエスペクトルを観察したとき，値の小さな成分が高い周波数帯域に存在している場合がある。それはいわゆるノイズであり，測定データがもつ本質的な特徴ではない。そのようなときに**ローパスフィルタ**[*8]（low pass filter）が有効である。

13・2　モード特性の同定の実際

　12-1節で述べたように，振動計測およびデータ解析の大きな目的の一つに，対象物の動特性（モード特性）の同定がある。これを**実験モード解析**という。ここでは簡単な模型を対象物として実際の手続きを示したい。

　対象物とモード特性同定のための装置をまとめて図13-8，図13-9に示す。対象物は，四隅を4本のばね鋼で支持されたアルミ平板であり，平衡位置を中心として水平方向に微小な振動が可能である。4本のばね鋼を，水平方向に復元力を発揮するばねと考えると，対象物は図13-10のような1自由度系としてモデル化できる。このようなばねの描き方は，機械工学の振動工学分野ではなじみがないので，水平方向の動き

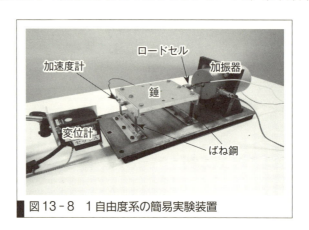

図13-8　1自由度系の簡易実験装置

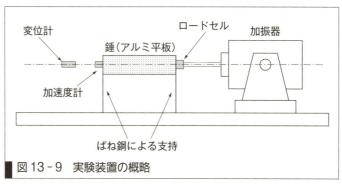

図13-9　実験装置の概略

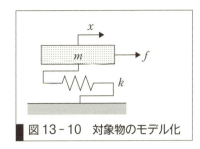

図13-10　対象物のモデル化

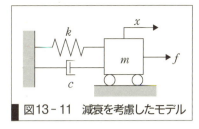

図13-11　減衰を考慮したモデル

に描き直し，さらにアルミ平板の速度に比例する減衰力を発揮するダンパを付け加えると，対象物は図13-11のようになり，第4章の図4-4と同じになる。

次に計測センサについて説明する。アルミ平板の側面にピエゾ式加速度計を直接貼付して加速度を測定するとともに，レーザ式非接触変位計で変位を測定している。対象物は動電型加振器によって水平方向に加振され，加振器とアルミ平板の間にはロードセルが挿入されている。

第4章の強制振動では，外力の振動数ωを1つに定めて定常振動を発生させ，そのときの振動を測定することを想定している。そしてωを順番に変えることによって対象物の周波数応答関数を求める。これは実際には，加振器を動作させる信号の周波数を順に変えることで実現できる。しかし，対象物が線形特性を有することを仮定しているので，複数の周波数の外力を同時に作用させれば，それぞれの外力が単独で作用したときの応答の和が実際の応答となる。すなわち一度に多くの周波数の外力で加振すれば，求めたい周波数帯域の周波数応答関数を一度に求めることが可能である。そのような外力の波形はランダム波形と同じになる。

加振器を，適当な周波数帯域に成分が分布するランダム波で動作させ，ロードセルで測定された力fと，加速度計あるいは変位計で測定された振動データ$\ddot{x}$あるいはxとの周波数応答関数を求めた結果を図13-12，図13-13に示す。これらの図は実際に実験で得られた実測値であり，固有振動数付近のみを示している。グラフにおける○は，データ処理における周波数分解能に相当する。図13-12はアクセレランス（加速度

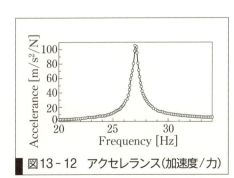

図13-12　アクセレランス（加速度／力）

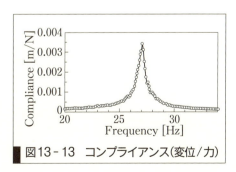

図13-13　コンプライアンス（変位／力）

*9 周波数応答関数の分母は入力（力）であるが，分子の出力はさまざまな物理量が設定できる。
コンプライアンス
　＝（変位）/（力）
モビリティ
　＝（速度）/（力）
アクセレランス
　＝（加速度）/（力）
また，基礎加振の場合は基礎の加速度が入力になるので，分母が（加速度）になる場合もある。

/力），図13-13はコンプライアンス（変位/力）である*9。これらのグラフから，第5章の**半値幅法**で固有振動数と減衰比を求めると，それぞれおよそ27.1 Hz，9.4×10^{-3}となる。もちろん，周波数応答関数のナイキスト線図からモード特性を同定することも可能であり，具体的な方法は専門書を参照されたい。

ここで図13-13を再度見てもらいたい。固有振動数付近と，固有振動数から離れた振動数では，コンプライアンスがおよそ20倍異なる。しかし実際の振動振幅が20倍も異なることはない。これは何が起きているのであろうか。このときの加速度計，変位計，ロードセルの出力の周波数分析結果を図13-14，図13-15，図13-16にそれぞれ示す。加速度あるいは変位は，必ずしも固有振動数付近で非常に大きくなっているわけではない。しかし，力の大きさに特徴がある。加振器を動作させる電圧信号はランダム波であり，周波数領域で平均化すると，すべての周波数でほぼ一定の大きさであるが，実際に対象物に作用する力の大きさ（ロードセルで測定される力の大きさ）が周波数によって異なるのである。固有振動数付近では力が非常に小さくなり，その結果，力の大きさが分母になる周波数応答関数が非常に大きくなったのである。

それでは，なぜ固有振動数付近で力が非常に小さくなるのであろうか。対象物は外から力をかけなくても，固有振動数で振動することができる。加振器によって固有振動数に近い周波数で周期的に加振しても，対象物自身は固有振動数で振動可能であるから，両者の間に挿入されたロードセルはほとんど変形しない，すなわち力を検出しないことになる。

理論解析では，力の大きさFは一定であることを前提としているが，

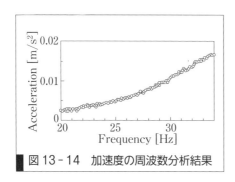

図13-14　加速度の周波数分析結果

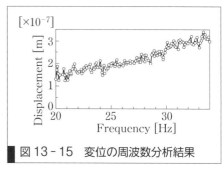

図13-15　変位の周波数分析結果

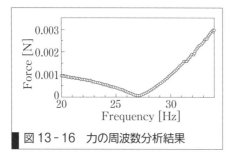

図13-16　力の周波数分析結果

実際に対象物に作用する力の大きさは，周波数によって異なることを理解しておくことが重要である。

演習問題　A　基本の確認をしましょう

13-A1 デジタルデータに離散化された時刻歴データを離散フーリエ変換する場合の，高速な演算方法は何か。

13-A2 入力（外力）に対する出力（応答）の比を周波数領域で表したものを何というか。またそれは，時間領域の何をフーリエ変換したものに相当するか。

13-A3 実際の時系列データを高速フーリエ変換（FFT）する場合に注意する点は何か。

13-A4 対象物に広い周波数帯域の入力（外力）を作用させる方法は何が考えられるか。

演習問題　B　もっと使えるようになりましょう

13-B1 動電型加振器，ロードセル，非接触変位計を用いて対象物の周波数応答関数を測定しようとした。しかし手持ちの信号発生器（加振器動作用）は，振動数一定の正弦波信号は出力できるが，ランダム信号はできないことがわかった。周波数応答関数を測定する際の注意点を述べよ。

13-B2 p.158 の図 D は多自由度系の周波数応答関数である。周波数応答関数がピークとなる振動数が固有振動数であるが（減衰の影響で若干は異なる），下向きのピークとなる振動数も観察できる。これは何を意味しているのか。

あなたがここで学んだこと

この章であなたが到達したのは
- □ データ処理に関するさまざまな変換が理解できる
- □ モード特性同定の実例を通じて，理論解析と実際の現象の違いについて説明できる

本章とびらの図Aの変位データのフーリエスペクトル（フーリエ変換結果の各周波数の振幅）を図Cに示す。周波数1と3の成分が含まれていること，周波数帯域全体に小さなノイズ成分があることがわかる。

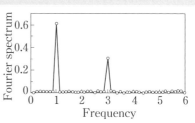

図C　図Aのフーリエスペクトル

また図Bのデータから周波数応答関数を求めて図Dに示す。対象物が異なるので図13-

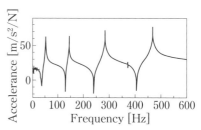

図D　図Bから得られる周波数応答関数（縦軸は20 log（加速度／力）で表している）

12とは値が異なるが，同様の周波数応答関数が得られることがわかる。

現在では，ほとんどすべてのデータはデジタルデータとして扱われ，時刻歴データよりも周波数領域のデータを用いて検討を行うことが多い。しかしアナログの時刻歴波形が最も質のよい生データであることを忘れてはならない。たとえば非線形振動の微妙な特徴を検出する場合は，生データである時刻歴波形を注意深く観察することも重要である。フィルタによっていくつかの信号をノイズとして除去するのは簡単であるが，その信号が本当にノイズなのかどうかを正確に判断するのは結構難しい。自分の目にフィルタをかけずに実際のデータをよく吟味し，対象物の特性を正確に抽出する能力を養ってほしい。

14章 非線形振動

図A　タコマナローズ橋の崩落事故（提供：NPO法人　科学映像館　©東京文映）

　近年，機械の高性能化にともない，より高出力，軽量，低コストな製品が要求されるようになった。これらの動向は，振動，騒音を増大させることにつながり，製品の加工精度や機械の寿命にも影響をおよぼす。機械の破壊にいたる恐れのある振動は，安全の面からも看過できない問題であるため，振動の防止・低減は重要な課題である。そのなかでも，機械の特性などにより非振動的なエネルギーが励振エネルギーに変換されて起こる自励振動は，機械の設計段階でその発生を予見することが，強制力や強制変位による振動，いわゆる強制振動と比較して難しい。構造物も含めると，図Aに示す1940年に発生したタコマナローズ橋崩落事故，1995年に発生した高速増殖原型炉「もんじゅ」のナトリウム漏洩事故なども自励振動に起因している。また，2005年12月に発生した新潟での停電事故も自励振動の一種であるギャロッピングがその原因の一端とみなされている。このように，自励振動は社会生活に直接関連した環境問題を引き起こす。

● この章で学ぶことの概要

　本章では，復元力や減衰力が非線形性を有するときの自由振動や強制振動の特徴について学ぶ。また，自励振動を線形系の発散振動としてとらえた場合の，その発生メカニズムについて学ぶ。さらに，実際に産業界で問題となっている自励振動の事例を紹介する。

予習 授業の前にやっておこう!!

$m\ddot{x} = -c\dot{x} - kx$, $0 < c < 2\sqrt{mk}$ で与えられる運動方程式について考える。

1. 基本解を $x = Ae^{\lambda t}$ とおくとき，振動数方程式を求め，特性根 λ が複素根になることを説明せよ。

2. 一般解を求め，特性根の実部と虚部がそれぞれ時間応答にどのような影響を与えるか考察せよ。

14.1 非線形振動

14-1-1 非線形となる要素

これまで学習してきたばね質量系の運動方程式では，復元力および減衰力はそれぞれ $-kx$ および $-c\dot{x}$ で表され，復元力は変位 x に，減衰力は速度 $\dot{x}$ に対し，それぞれ比例する。また，このときばね定数 k および減衰係数 c は，変位 x や速度 $\dot{x}$ の大きさによらず定数である。しかし，実際の機械構造物では，多くの場合，復元力や減衰力は変位 x や速度 $\dot{x}$ に対し比例関係にはならず非線形性を有している。非線形系での自由振動および強制振動の特徴について，線形系との違いを以下にまとめる。

(1) 自由振動
・自由振動の振動数が振幅の大きさに応じて変化する（**振幅依存性**）[*1]。
・自由振動波形が正弦波にならず歪む。

(2) 強制振動
・外力の振動数 ω に対し，応答の振動数が必ずしも ω にならず，系の線形固有角振動数以外の振動数域で共振を引き起こす現象が見られる。
・応答の波形が歪む。
・外力の振幅が 2 倍になっても，応答の振幅は必ずしも 2 倍にならず線形性が成り立たない。
・応答振幅と外力の振動数との様子が線形系と異なり，共振曲線が傾くことで振幅が急激に変化することがある（**ジャンプ現象**）。

非線形ばねによる復元力特性 $f(x)$ のおもな例を図 14-1 にまとめる。図 14-1 に示すように，非線形ばねは変位 x と比例関係にならず変位の大きさに応じて変化する特徴をもっている。このばね定数や減衰係数の振幅依存性によって，系の固有角振動数が振幅の大きさとともに変化する。

[*1] 微小振動では，線形固有振動数と一致する。

図14-1(a)および(b)は，復元力項が$f(x) = \alpha x + \beta x^3$のように変位の3乗項で表される復元力特性で表される。図14-1(a)は$\alpha \geq 0$，$\beta > 0$の場合であり，変位が大きくなるほどばね定数が大きくなるハードスプリング，図14-1(b)は$\alpha > 0$，$\beta < 0$の場合であり，変位が大きくなるほどばね定数が小さくなるソフトスプリングと呼ばれる。これらの場合，平衡点位置が点Aや点Bなどへ変わっても，その平衡点での振幅が小さい微小振動の場合は，ばね定数の変化量は小さいものとし，ほぼ線形ばねとしてみなすことができる。一方，振幅が大きい場合は非線形ばねとして扱う必要がある。図14-1(c)はガタがある特性で，自在継手，軸受，歯車の歯打ちなどで見られるような強い非線形性が表れる。図14-1(d)は，断片線形ばねと呼ばれ，ばね定数の異なる線形ばねが組み合わされており，ある変位より大きくなると別のばねが作用するしくみとなっている。これも強い非線形を有する。

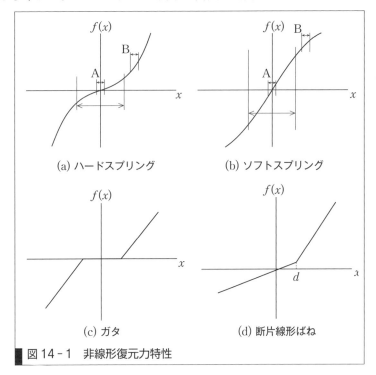

図14-1　非線形復元力特性

14-1-2 非線形の自由振動の特徴

　非線形自由振動系の例として，単振り子を考える。図14-2に示すような質量mの質点が長さlのひもに取りつけられ，他端が固定された系の運動方程式は，

$$ml\ddot{\theta} = -mg\sin\theta \qquad 14\text{-}1$$

で表される。

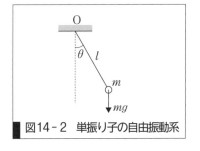

図14-2　単振り子の自由振動系

θが十分小さいとき，$\sin\theta \fallingdotseq \theta$が成り立ち，線形の問題として扱うことができる。この運動方程式は，以下のように書き換えられる。

$$\ddot{\theta} + \omega_n^2 \theta = 0 \qquad 14-2$$

ここで，

$$\omega_n = \sqrt{\frac{g}{l}} \qquad 14-3$$

であり，固有角振動数は振幅に依存せず，常に一定の値である。

実際には，$\sin\theta$とθは角変位が大きくなると復元力に違いが生じ[*2]，振幅が大きいときの応答に違いが表れる。そこで，$\sin\theta$を$\theta = 0$のまわりでテイラー展開し，第2項まで考慮すると以下のようになる。

$$\sin\theta \fallingdotseq \theta - \frac{\theta^3}{6} \qquad 14-4$$

よって，運動方程式は，

$$\ddot{\theta} + \omega_n^2 \left(\theta - \frac{\theta^3}{6} \right) = 0 \qquad 14-5$$

となり，非線形方程式になる。このように，復元力項が変位の三乗項で表される非線形方程式を**ダフィング方程式**（Duffing equation）と呼ぶ。

ダフィング形のばね特性の使用例として，救急車用の防振架台がある。救急車のベッドには，患者への負担を軽減するために，磁気ばね機構を利用した防振架台が用いられている。図14-3，図14-4および図14-5にそれぞれ防振架台の内部構造，リンク機構および磁気ばねを示す。また，図14-6に磁気サスペンションシステムの復元力特性を示している。この防振架台には負のばね特性を有する磁気ばねと，線形ばね特性を有するトーションバー[*3]とを並列に組み合わせることで，ダフィング形のばね特性を有しており，原点付近でばね定数が非常に小さくなる領域を実現している。つまり原点付近では，患者は宙に浮いたような状態になっていることを意味する。

図14-7に式14-5から求めた単振り子の自由振動特性を示す[*4]。単振り子は$\alpha > 0$，$\beta < 0$であるからソフトスプリングに分類され，角変位が大きくなるとばね定数は小さくなるため固有角振動数は線形系の

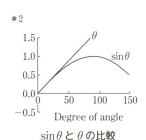

*2 $\sin\theta$とθの比較

*3 棒状のねじりばねのこと。軸のねじりによって復元力が作用する。

*4 **+α プラスアルファ**
近似解の導出方法として，調和バランス法や平均法などがある。また，ルンゲ・クッタ法などの数値積分を行い，非線形振動波形を求めることができる。

図14-3 救急車用防振架台の内部構造

図14-4 救急車用防振架台のリンク機構

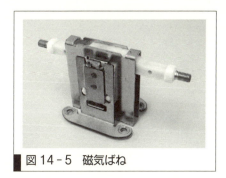

図14-5 磁気ばね

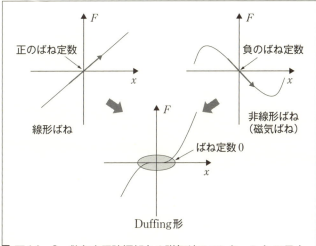

図14-6 救急車用防振架台の磁気サスペンションシステム

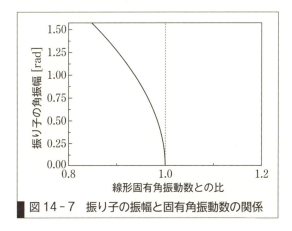

図14-7 振り子の振幅と固有角振動数の関係

ものより低下する。図14-7から角変位が約 1.5 rad まで大きくなると固有振動数は約 15% 低下していることがわかる。

横浜にあるランドマークタワーには多段振り子式の動吸振器が搭載されている。このような動吸振器を用いる場合は，振り子の角振幅に応じて固有角振動数が変化することに留意しておく必要がある。

14-1-3 非線形の強制振動

非線形の強制振動系として図14-8に示す減衰があるときの1自由度強制振動系を考える。運動方程式は以下で表される。

$$m\ddot{x} = -c\dot{x} - kx - \beta x^3 + F\cos\omega t \qquad 14\text{-}6$$

この系の応答曲線を描くと図14-9のようになる。

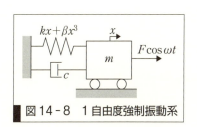

図14-8 1自由度強制振動系

図14-9 (a), (b)はそれぞれ$\beta > 0$および$\beta < 0$のときの応答曲線である。非線形強制振動系の応答曲線の特徴について，以下にまとめる。

線形系の強制振動の応答曲線は，固有角振動数で共振にともなう大きなピークがあるのが特徴である。図14-9 (a)はハードスプリングであり，振幅が大きくなるほど固有角振動数が上昇するため，強制振動応答のピークも振幅の増加にともない右側に曲がっていることがわかる。図14-9 (b)はソフトスプリングでありハードスプリングとは逆に左側に曲がっている。

また，応答の経路について説明する。外力の角振動数が低いほうから徐々に上昇する場合，応答はA-Bを通って振幅は連続的に大きくなる。点Bからわずかに角振動数が上昇したとき，点B'へ図14-9 (a)では急激に振幅が減少し，図14-9 (b)では増加が確認できる。このような急激な振幅の変化を**ジャンプ現象（跳躍現象）**（jump phenomenon）と呼ぶ。点B'からさらに右へ行く場合はどちらのばねも徐々に振幅は減少していく[*5]。

逆に外力の角振動数が高いほうから徐々に降下する場合を考える。応答はB'-A'を通って振幅は連続的に大きくなる。点A'からさらに角振動数が降下したとき，点Aへ再びジャンプする。このように非線形系の応答曲線ではジャンプ現象が見られるほか，角振動数の上昇と降下の過程で，応答の経路が異なる特徴を有する。これを**履歴現象**（hysteresis phenomenon）と呼ぶ。

[*5] ここで，点B'から左へ戻っても点Bに戻ることはない。点B'から点Bへジャンプするには初期条件として図14-9 (a)では大きな変位を，図14-9 (b)では小さな変位を与える必要がある。

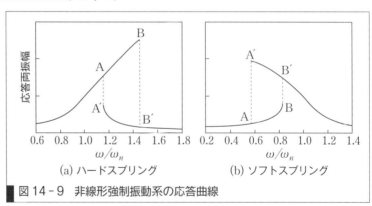

図14-9 非線形強制振動系の応答曲線

図14-9の応答曲線は外力の角振動数が系の線形固有角振動数に近い場合$\omega = \omega_n$の共振を示しており，このような共振を調和共振あるいは主共振と呼ぶ。主共振での系の振動数は外力の振動数に等しい。これは線形系の特徴と同じである。

しかし，強い非線形性を有する系では線形固有角振動数以外の振動数で共振を引き起こす現象が見られる。その様子について図14-1 (d)で示した断片線形ばねを有する非線形系での振動波形を用いて説明を行う。図14-10 (a)は，外力の入力波形の周期に対し，1/2周期の振動成分

をもっている．このように，外力の角振動数 ω に対し，n 倍（n は小さな整数）の振動成分をもっている共振を n 次の高調波共振と呼ぶ．この高調波共振は外力の角振動数が $\omega \fallingdotseq \omega_n/n$ となるときに発生する．また，図 14-10(b) は，外力の入力波形の周期に対し，2 倍周期の振動成分をもっている．このように，外力の角振動数 ω に対し，$1/n$ 倍（n は小さな整数）の振動成分をもっている共振を $1/n$ 次の分数調波共振と呼ぶ．この分数調波共振は外力の角振動数が $\omega \fallingdotseq n\omega_n$ となるときに発生する．実際にこれらの高調波共振や分数調波共振が発生しているとき，系の振動数は外力の調和振動数ではなく固有角振動数 ω_n で振動する．

　自動車用オートマチックトランスミッションには，エンジンの爆発振動による強制振動を緩和するためのばね要素がある．このばね要素は，静的高トルクに対応するため，図 14-1(d) のような断片線形ばねを有している．その切り替え点付近で，分数調波振動が発生する．

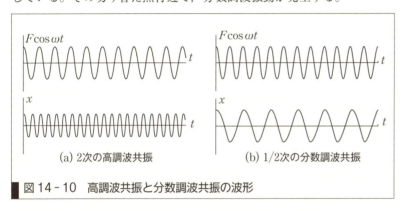

図 14-10　高調波共振と分数調波共振の波形

14.2　自励振動

14-2-1　線形系の発散振動

　非線形振動の一つとして，自励振動がある．自励振動とは，機械システムに振動的でない一定の力などが作用しているにもかかわらず，システム自身の特性によって振動的なエネルギーに変換されて生じる大きな振動である．バイオリンの音も摩擦による自励振動の一種であり，弓を弦に押しつけ一定の力で弓を引くにもかかわらず，弦は振動し音を出す．

　自励振動の発生メカニズムについて簡単に説明する．機械システムは常にさまざまな外乱が生じており，システムはわずかに自由振動をしている．システムに振動的でない力が作用しても，自身の機構で振動的なエネルギーへ変換し，振動エネルギーの供給が始まる．この自由振動は，さらにこの振動エネルギーの供給を増加させるというフィードバック過程を形成し，大きな振動へといたる．これが自励振動のメカニズムである．そのため発生する自励振動の振動数は，システムのいずれかの固有

[*6] 自励振動の発生メカニズムを調べるうえで，系の固有振動数と固有モードを知ることが重要である。

[*7] 線形の複素固有値計算を行い，すべての固有値の実部の符号から安定判別を行う。

振動数にほぼ等しい[*6]。したがって，自励振動の振動モードは線形固有モードに近いことになる。自励振動が発生するときの振動波形を図14-11に示す。厳密に線形域と非線形域を分けることはできないが，システムは初め線形系として指数関数的に増大していき，応答が大きくなると非線形域まで達し，やがて定常振動となる。本来，自励振動は非線形現象であるといえるが，その起き始めの応答においては線形系[*7]として，説明することができる。自励振動は一旦発生すると，その振幅は急激に成長するため，振動による騒音問題や，加工精度の低下，最悪のケースは破損や事故の恐れがあり注意が必要である。

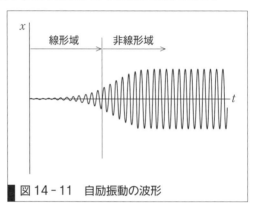

図14-11 自励振動の波形

自励振動を線形系の発散振動として説明する場合について以下のようなモデルを考える。ばね定数 k のばね，および粘性減衰係数 c のダンパで支持された質量 m の質点の運動方程式は次式となる。

$$m\ddot{x} = -c\dot{x} - kx, \quad c^2 < 4mk \tag{14-7}$$

ここで，式14-7の一般解は以下で与えられる。

$$x = e^{-\frac{c}{2m}t}(A\cos\omega_d t + B\sin\omega_d t) \tag{14-8}$$

ここで，$\omega_d = \omega_n\sqrt{1-\zeta^2}$，$\omega_n = \sqrt{\dfrac{k}{m}}$，$\zeta = \dfrac{c}{2\sqrt{mk}}$ である。

減衰項 $c\dot{x}$ が抵抗として作用するのではなく，運動の向きと同じ向きをもつとき $(c<0)$，式14-8の一般解は指数関数的に増大する。

このように，減衰係数が負となり不安定化する振動を，**負性抵抗**による不安定振動と呼ぶ。図14-12は滑り速度に対する摩擦特性を示しており，接触点での相対滑り速度に対し，負の勾配をもつ乾性摩擦特性によって負性抵抗による摩擦自励振動を引き起こす。負性抵抗による不安定振動は，1自由度以上で発生し，摩擦力が作用する方向に振動する。

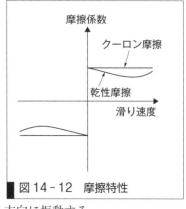

図14-12 摩擦特性

一方，滑り速度に依存しないクーロン摩擦特性も自励振動を引き起こす要因となる。たとえば，黒板にチョークで線を引くとき振動し，点線になる場合を考える。このとき，チョークは黒板の面に対し，垂直方向や回転方向に振動している。このような系について運動方程式を考えてみると，係数行列の非対角項が非対称になる場合がある。一般に，減衰マトリクス C，剛性マトリクス K が対称でない場合，**係数行列の非対称性**によって，特性根の実部が正になることがあり，不安定振動が発生する。

　係数行列の非対称性による不安定振動は，2自由度以上の多自由度系で発生する振動である。工業界では，この自励振動の発生が多く，課題になっている。

14-2-2 非線形系の自励振動

　ここでは実際に産業界で起こっている自励振動の事例としてディスクブレーキで発生する鳴きについて紹介する。これらの自励振動現象も定常的な振動が発生しているため非線形振動であるといえる。

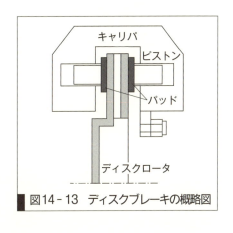

図14-13　ディスクブレーキの概略図

　図14-13にディスクブレーキの概略図を示す。ディスクブレーキとは車輪とともに回転するディスクにブレーキパッドを油圧で押しつけることで制動力を得る摩擦ブレーキである。制動力が大きく，ディスクがむき出しになっていることからその放熱性にすぐれ，現在では自動車，航空機，鉄道車両，自転車などに広く使用されている。

　図14-14に示す自転車用ディスクブレーキにおいて鳴きが発生するという多くの報告例がある。この鳴きは図14-13で示したロータとパッド間の乾性摩擦に起因して発生する。また，図14-15に示すように鳴きの発生にともなってスポークが破断するという安全面での重要な問題も報告されている。とくに後者が問題で，摩擦によって生じた振動で，直接摩擦面と接触していないスポークも振動し，スポークに繰り返し応

図14-14　自転車用ディスクブレーキ

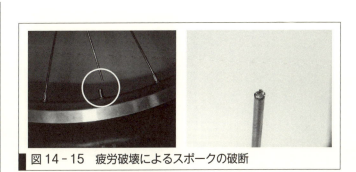

図14-15　疲労破壊によるスポークの破断

力が生じた結果，スポークが疲労破壊する．競技中にそのような事態に陥れば転倒事故は免れない．

　図 14-16 に示す自動車用ディスクブレーキにおいても，制動中に発生する鳴きによる騒音が問題となる．とくに，高級車においては，走行中の快適性の喪失がリコール問題に進展するケースもあるため，企業でも対策が必須とされている．

　この鳴きは自動車業界では面外鳴きと呼ばれ，ディスク面に対し，垂直に振動する．この様子がチョークの振動と同じであることから，クーロン摩擦特性に起因する剛性行列の非対称性によって発生することが知られている．

図 14-16　自動車用ディスクブレーキ

　その他，機械工学分野での自励振動には，工作機械のびびり，タイヤ車両のシミー，飛行機翼のフラッタ，ポンプのサージング，送電線などの流体場での振動，オイルホイップその他の回転機械の自励的ふれまわり，流れの中にある弁の振動など多くの重要な例をあげることができる．

> **例題 14-1** ワイングラスに少量の水を入れ，グラスの飲み口を濡れたきれいな指で周方向にこすると澄んだ音が出る．この音について考察せよ．
>
> **解答**　グラスに入った水に注目すると，こすっている指の位置では水のしぶきは見られないが，指のある前後 45°付近でしぶきが見られることから，これらの位置でグラスは半径方向に振動していることがわかる．実際にはグラスは円周方向にも振動している．指がある位置では円周方向の振動の腹，指のある前後 45°では節になっており，半径方向の節，および腹の位置と逆になっている．これらの振動モードは指とともに回転している．これらからワイングラスの鳴きも摩擦に起因する自励振動であることがわかる．

演習問題　A　基本の確認をしましょう

14-A1　図アに示すように，ばね定数 k で支持された質量 m の物体が速度 v で移動するベルト上に置かれている。質点の並進方向の変位を x とする。摩擦特性 μ は相対すべり速度 $v - \dot{x}$ に対して負の勾配をもつ乾性摩擦特性 $\mu = e_0 - e_1(v - \dot{x})$ である（$e_0, e_1 > 0$）。この1自由度系の運動方程式を求め，負性抵抗による不安定振動が生じることを確認せよ。

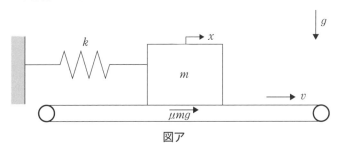

図ア

演習問題　B　もっと使えるようになりましょう

14-B1　機械製品や構造物で非線形特性となりうる要素について調べ説明せよ。

14-B2　身近にみられる自励振動の事例をあげ考察せよ。

あなたがここで学んだこと

この章であなたが到達したのは
- □ 非線形復元力特性について説明できる
- □ 非線形系の自由振動および強制振動の特徴について説明することができる
- □ 自励振動の発生メカニズムを説明でき，その事例をあげることができる

実現象はそのほとんどが非線形振動であるが，線形系で説明できる現象であれば線形系のモデルを用いて考察すべきである。しかし，非線形系特有の現象であれば，そのシステムのどの非線形性が強く影響しているかをみきわめ，モデルを構築する必要がある。影響が強い非線形性を見落とし，線形系として設計した場合，実現象ではまったく異なる現象が発生する可能性がある。そのような場合にぜひ本章を思い出してほしい。

15章 各種機械の振動と制振

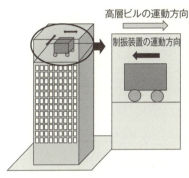

図A 高層ビルに設置された制振装置

図B スキー場のリフト

　図Aは，高層ビルに設置された制振装置を示している。最近の高層ビルは，高層化にともなう揺れによる損傷をおさえるために揺れやすい構造になっている（剛性が低くなっている）。そこで高層ビルでは，図のような制振装置をビルの上部に設置し，振動をおさえ，ビル内での快適な空間を確保している。

　図Bは，スキー場のリフトで，チェア部の上に揺れを抑制する制振装置が設置されている。リフトは横風に弱いため，制振器を取りつけ，揺れによる運転停止を避ける方法がとられている。

　これらの動的問題は，これまで学習してきたことや知識を活用して解析できる。高層ビルの解析では，連続体の振動の問題を基礎として，リフトの振動は，2自由度振動系の問題を基礎として解析する。

　では，このような動的問題に対して振動を低減させるにはどのようなしかけがあるのだろうか？

●この章で学ぶことの概要

　本章では，これまで学んできた知識を基礎として，機械や構造物等の振動を抑制することにより，人や空間の安全・安心を確保し，さらに機械や機器の性能を向上させることについて学ぶ。具体的には，将来の技術に必要とされる，振動を低減するための原理と方法の基本について解説し，さらに，実際の機械や構造物の動的問題についても解説する。

予習 授業の前にやっておこう!!

1. 図aに示すような振り子の周期を変化させるための方法を考えよ[*1]。

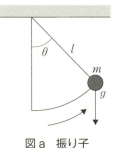

図a　振り子

2. 図bのように1自由度減衰系の質量に強制力 $F\cos\omega t$ が作用する。減衰比が異なる場合の系の応答曲線を示せ[*2]。

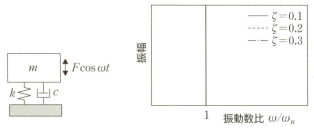

図b　1自由度振動系

15　1　防振と制振

[*1] **ヒント**
振動を低減する原理に関係する。第8章の動吸振器の動作原理も理解しておくように。

[*2] **ヒント**
振動を低減する原理に関係する。また、振動系の減衰性能を知るための基礎知識となる。

[*3] 動吸振器
8-2節で説明。

[*4] **Let's TRY!!**
振動を低減する要素を2つ述べよ。

振動を低減したり遮断する技術として制振と防振がある。制振は、メカニカル的な手法やエネルギーを変換する方法によって振動を低減する技術のことを示し、防振は、振動の発生源から振動系までの間で振動の伝達を遮断するか小さくする技術[*3]を示す。とくに、制振は振動系の固有振動数での共振を低減する技術として古くから使用されているが、制御技術の融合により制振効果は高くなっている。また、振動エネルギーを熱エネルギーに変換して振動を低減する制振材料の開発も進んでいる。ここでは、制振方法と制振評価について解説する。

15-1-1　制振方法

振動を低減する方法[*4]について説明する。

図15-1は、振動波形を示したものである。左上の実線が振動の系の変位波形だとすると、同じ周期で位相が180°異なる左下の波形を組み合わせると右のように波形は相殺され振動を消すことができる。ポイントは、同じ周期で位相が180°異なる力や変位を与えることである[*5]。

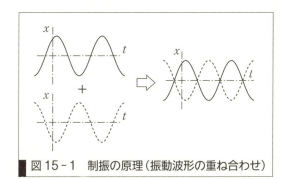

図15-1 制振の原理（振動波形の重ね合わせ）

では，実際に振動を低減する（制御する）ことを具体的に考えてみる。多くの人が経験したことであるがブランコをこぐとき，そして，ブランコ上でブランコを止めたいときに起こす行動が振動を低減する方法である[*6]。ブランコをこぐときは，同じ周期で，運動と同じ方向に力を加えれば振幅は大きくなる。逆に，同じ周期で，運動と逆の方向に力を加えれば振幅は小さくなる。まさに，先に説明したポイントである。この原理を利用して機械や構造物の制振が行われている。

制振の方法としては，パッシブ制振，セミアクティブ制振，アクティブ制振がある。それぞれの現象をモデル化したものを図15-2に示す。この図は，高層ビルとビル上部に設置した制振装置[*7]をモデル化したものである。

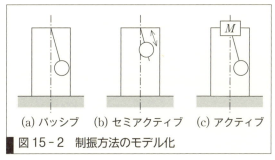

図15-2 制振方法のモデル化

パッシブ制振は受動制振ともいわれ，外部からのエネルギーなしで振動を低減する装置である。メカニズムとしては，振動系の周波数と同じ周波数で運動する装置を設置したものや，オイルダンパや粘弾性物質などのエネルギー吸収要素，衝突力を利用したものがある。この方法は，特定の周波数に対して，大きな効果を発揮するが，他の周波数では対応できないという欠点がある。外部エネルギーを使用しないことと構造が簡単なことからコスト的にすぐれている。とくに，地震の揺れが建物に伝わりにくくした装置を免振装置[*8]という。

使用例としては，レジャーボート，リフト・ゴンドラ，耐震壁に使用されている。レジャーボートの使用例を図15-3に示す。レジャーボート上に錘が円弧状のレールの上に設置され，振り子のように運動するメカニズムになっている。レジャーボートが波の力で揺れると錘が反対

*5
Don't Forget!!
振動を低減する際のポイントは，同じ周期で位相が180°異なる力や変位を与えることである。

*6
ブランコでの体験

ブランコをこぐときと止めるときの運動方向と力の方向を図に描いてみよう。

*7
制振装置の設置事例
・横浜ランドマークタワー
・関西国際空港管制塔
・火力発電所煙突
・東京スカイツリー
・明石海峡大橋

*8
免振装置の実用例
・ビルの支柱の下にゴムの積層板を重ねた免振装置を設置し，揺れが生じるとゴムの変形と摩擦によりエネルギーを吸収して振動を低減する。
・家や機械の下に球体を設置することにより，家や機械に直接振動が伝わることを防ぐ。

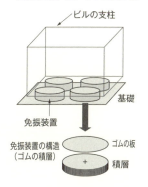

15-1 防振と制振 173

の方向に運動し，振動を低減する。

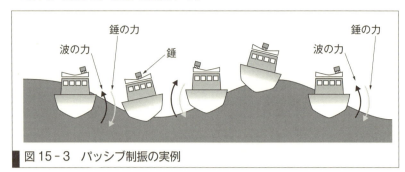

図15-3 パッシブ制振の実例

また，衝突力を利用して振動を低減する方法としてインパクトダンパがある。インパクトダンパ[*9]は，図15-4に示すように，振動系内に，振動方向に自由に動く球などの物体を設置し，振動を低減する方法である。振動系に設置された物体は，振動系の運動方向と反対方向に動き壁面に衝突する。その衝突力で振動を低減する。最適な制振効果は，衝突物体の質量と壁面までの距離hで決まる。構造が簡単でメンテナンスが必要ないことから使用例は多いが，衝突時に音が発生する問題もある。ロバスト性や音の発生から，衝突物体として複数の粒子を用いた粉体ダンパもある。

図15-5に，インパクトダンパの使用例を示す。この図は，ミニ四駆のシャーシで，車体の前後にマスダンパ（インパクトダンパ）が用いられている。車体がジャンプし着地した際，不安定になるため，マスダンパを装着し，図15-6に示すように，着地時に質量がシャーシ本体に衝突し，その衝突力で，シャーシの上下運動をおさえる効果がある。

次に，セミアクティブ制振について説明する。セミアクティブ制振は，

*9
インパクトダンパ
1自由度振動系にインパクトダンパを取りつけた振動系のモデルを図aに示す。また，そのときの自由度波形を図bに示す。図bより，インパクトダンパの効果により，波形が直線的に減少していることがわかる。

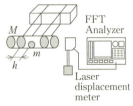

図a インパクトダンパのモデル

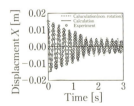

図b インパクトダンパを付加した振動系の自由振動波形

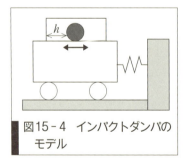

図15-4 インパクトダンパのモデル

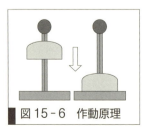

図15-6 作動原理

図15-5 ミニ四駆に用いられているマスダンパ（インパクトダンパ）

振動系の運動周波数が変化した場合，図15-2(b)に示すように振り子の長さを調整することにより制振装置の周波数を変化させる。すなわち制振装置の特性を変化するためにエネルギーを使用する装置である。特性としては，振動系の運動周波数が変化する場合に対応できる。コストは，パッシブ制振より高くなる。使用例として高層ビル，電車などの制振に利用されている。

　アクティブ制振は，直接外部からエネルギーが入力されることにより，機械や構造物の振動を制御する方法である。制振能力は高く，細かな制御が可能である。欠点として，エネルギーにより力を発生させるためにコストが高くなることと，制振器の構造が複雑になること，そして，設定を間違えると機械や構造物を加振するおそれがある。振動を低減したい高層ビルや新幹線に使用されている。図15-7に高層ビルのアクティブ制振の事例，図15-8に新幹線のアクティブ制振の事例を示す。

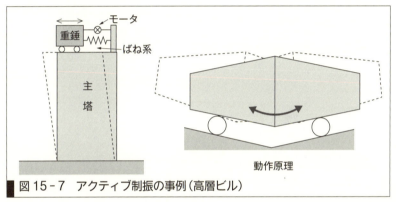

図15-7　アクティブ制振の事例（高層ビル）

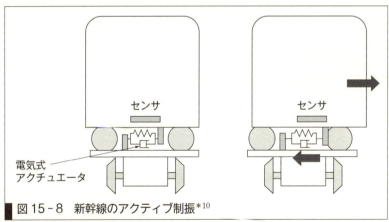

図15-8　新幹線のアクティブ制振[*10]

*10
新幹線に用いられているアクティブ制振は，車体と台車の間に設置した電気式アクチュエータで，車体に横の力がかかると反対方向に力を発生させ，横揺れを低減する。

*11
粘弾性材料
流体のもつ流動性を示す"粘性"と固体のもつ復元性を示す"弾性"の両方の特性をもった材料を粘弾性材料という。代表的なモデルとして，ばねとダンパを直列に結合したMaxwellのモデルがある。

Maxwellモデル

15-1-2　制振材料

　制振材料は，図15-9に示すように，機械用材料である基材（鋼，プラスチックなど）に振動のエネルギーを吸収する樹脂系，ゴム系などの粘弾性材料[*11]の制振材を貼り合わせたものをいう。その貼り合わせ方法によって非拘束型（基材＋制振材）と拘束型（基材＋制振材＋拘束

材or基材）に分類される．制振材料の多くは，騒音対策に用いられ，表15-1に示すように，自動車関係，電気機器関係，建材関係に用いられている．具体的には，雨などの落下物が原因で発生する音を低減する目的で屋根の材料として用いられたり，ロードノイズ[*12]などを低減するために自動車のプラットフォーム[*13]などで使用されたりしている．その他の用途として，洗濯機や冷蔵庫のボディ，病院のカーテンレール，オートバイのチェーンカバーなど身近な場所でも用いられている．

> [*12]
> ロードノイズ
> 走行中にタイヤの摩擦やタイヤパターンの衝突などにより発生する音．
>
> [*13]
> プラットフォーム
> 自動車の基本部分である「車台」のことを示す．

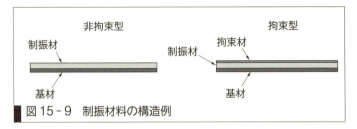

図15-9 制振材料の構造例

表15-1 制振材料の使用例

用途	適用部品
自動車関係	ドアパネル，プラットフォーム，ルーフ，ダッシュパネル，オイルパン，エンジンカバー，ブレーキ部品
電気機器関係	洗濯機ボディ，乾燥機ボディ，ドラム，ファンヒータボディ，音響機器ボディ，エアコンボディ，エアコン部品，モータカバー，モータフレーム
建材関係	屋根材，床材，階段，シャッター，カーテンレール
その他	各種防音壁，船舶用，家具材

では，制振材料の性能評価はどのように行うか考えてみる．

減衰が発生するメカニズムは次の3種類に分類できる．

(1) 粘性減衰（viscous damping）

$$R = c\dot{x} \tag{15-1}$$

(2) クーロン減衰（Coulomb damping）

$$R = F_c \mathrm{sign}(\dot{x}) \tag{15-2}$$

(3) 材料減衰（material damping）

$$K(x) = kx + R = k(1+j\gamma)x \tag{15-3}$$

制振材料は，材料摩擦に起因する減衰であることから，損失係数 γ [*14] で減衰の性能を評価する．

> [*14]
> 損失係数 γ
> 貯蔵せん断弾性率（G'）と損失せん断弾性率（G''）の比．G''/G' を損失係数と呼び，材料が変形する際に材料がどのくらいエネルギーを吸収するか（熱に変わる）を示す．
>
> WebにLink
> 各種材料の損失係数

15-1-3 制振性能の評価方法

実際の現象でエネルギー損失である減衰は，空気抵抗や摩擦などのさまざまな要因で発生する．そのため，減衰を理論的に求めることは困難

である。このことから，減衰の評価は，実験から求めることが多い。制振材料の評価方法として半値幅法[*15]がある。ここでは，実験で測定される伝達関数（コンプライアンス）から半値幅法を用いて損失係数 γ を求める方法について説明する。

1自由度粘性減衰振動系に外力 F が作用する場合，周波数応答関数 $G(j\omega)$（コンプライアンス）は以下のように表される。

$$G(j\omega) = \frac{X(j\omega)}{F(j\omega)} = \frac{1}{\{(k - m\omega^2) - jc\omega\}} \qquad 15-4$$

図15-10のように，周波数応答関数 $|G|$ が最大値 $|G|_{max}$ になる周波数を f_0 とすると，f_0 付近で振幅が $1/\sqrt{a}$ になる周波数を f_1, f_2 とした場合，損失係数は次式で表される。

$$\gamma = 2\zeta = \frac{f_2 - f_1}{f_0 \sqrt{a-1}} \qquad 15-5$$

一般的に $a = 2\,(-3\,\mathrm{dB})$ を用いると

$$\gamma = 2\zeta = \frac{f_2 - f_1}{f_0} \qquad 15-6$$

となる。また，周波数応答関数の最大値が明確でない場合には，次式を用いる場合[*16]もある。

$$\gamma = 2\zeta = \frac{2(f_2 - f_1)}{f_2 + f_1} \qquad 15-7$$

実験方法[*17]については，JISで規定してある。

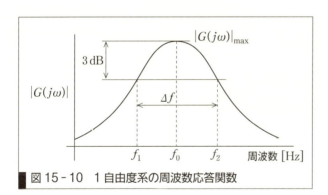

図15-10　1自由度系の周波数応答関数

[*15]
半値幅法
第5章では，半値幅法を用いて減衰比を求めた。

[*16]
減衰比と損失係数
損失係数と減衰比は，以下の関係がある。
　$\gamma = 2\zeta$

[*17]
実験方法
JIS G 0602, JIS H 7002 を参照。

15・2 各種機械の振動

15-2-1 工作機械のびびり振動の紹介

工作機械で発生する振動は，工作物の加工精度に影響する。工作機械で発生する振動で，とくに切削時，研削時に発生するびびり振動[*18]は，加工面の面精度に大きな影響を与える。図15-11は，旋盤による円周加工時とフライス盤による平面加工時にびびり振動が発生したときの加工面である。加工精度が得られないだけではなく，工具の寿命も短くなるというデメリットがある。びびり振動は，工作機械の剛性のアップや切削条件の変更だけでは解決できないことが多い。びびり振動の発生は，工具やワークの剛性と，その減衰（エネルギー損失）が関係することから，減衰要素を付加することがびびり振動の抑制になる場合がある。

*18
びびり振動
工具とワークの間で継続的に発生する振動をびびり振動という。その振動発生は，加工時に働く強制力から発生する場合と自励振動で発生する場合がある。

WebにLink
びびり振動の解析例

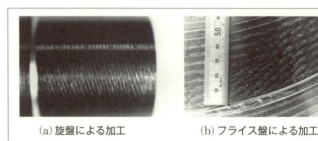

(a) 旋盤による加工　　(b) フライス盤による加工

図15-11　びびり振動が発生した加工面

15・3 振動対策の事例紹介

15-3-1 ディスクブレーキの鳴きに対する動吸振器

8-2節で学習したように，動吸振器は反共振を利用して，強制振動に対する主系の応答振幅を低減することができる。実際には，動吸振器の固有振動数が調和外力の振動数におおよそ一致するように設計すればよい。しかし，14-2-2項で学習したとおり，ディスクブレーキで発生する鳴きは自励振動であり，調和外力が作用しないため，反共振を利用した動吸振器の設計はできない。14-2-1項で示したとおり，自励振動は不安定振動であり，負性抵抗あるいは係数行列の非対称性などによって，特性根の実部が正になり，不安定化する。そのため自励振動の発生メカニズムごとに動吸振器の動作原理も設計法も異なることに注意してほしい。

図15-12に示す動吸振器は先端が質量部，また，細くなったはりの部分が曲げ剛性をもっており，曲げ振動をすることができる。この質部の大きさとはりの寸法を変えることで，動吸振器の固有振動数を設計することができる。図15-12に示すディスクブレーキで発生する面外鳴

きはチョークの振動のような剛性行列の非対称性による発生因子が大きい。この動吸振器はこの非対称性を小さくする作用をもっており，面外鳴きを抑制することができる。さらに，動吸振器の固有振動数を鳴きの振動数に一致するように設計したとき，その非対称性を最も小さくし，鳴きの抑制効果が最も大きくなることがわかっている。

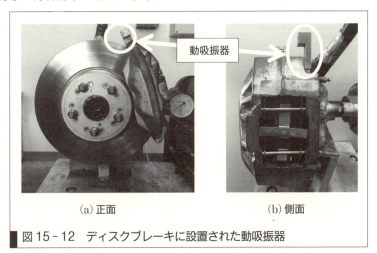

図15-12　ディスクブレーキに設置された動吸振器

15-3-2　エンドミルのびびり振動対策

近年，金型や部品の加工において行われるエンドミル加工では，加工効率のさらなる向上をめざした主軸回転速度の高速化や，より複雑で細かい加工が求められている。その一方でびびり振動を回避する切削条件は厳しく，加工効率をさらに上げるためにはびびり振動の回避または抑制が必須課題となっている。ここで紹介するのは，びびり振動を回避するために加工効率を犠牲にして切削条件を変えることなく，びびり振動が発生する限界の切削幅を超えて切削してもびびり振動を発生させずに加工が行える制振装置（動吸振器）を開発し，その最適設計法を確立する研究である。この動吸振器を用いることで，主軸回転数の違いにかかわらずびびり振動が発生してしまう限界の切削幅を増加させ，一度により多くの加工をすることで加工時間の大幅な短縮をはかれる。図15-13に示した動吸振器は，びびり振動抑制効果と最適設計法を調べるための基礎モデルである。

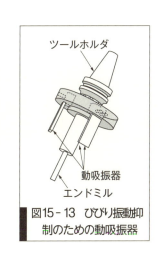

図15-13　びびり振動抑制のための動吸振器

15-4　振動に関する資格と情報[*19]

15-4-1　振動に関する資格

振動に関する資格としては，ISO機械状態監視診断技術者（振動）資格と公害防止管理者，計算力学技術者（CAE技術者）資格が代表的な資格である。

*19
WebにLink

ISO 機械状態監視診断技術者（振動）資格は，機械設備の状態監視にかかわる振動診断技術者の認証を目的とし，ISO18436-2 が 2003 年 11 月に発行され，世界の標準として展開されている．

　公害防止管理者資格は，1971 年 6 月，工場内に公害防止に関する専門的知識を有する人的組織の設置を義務づけた「特定工場における公害防止組織の整備に関する法律（法律第 107 号）」が制定され，この法律の施行により，公害防止管理者制度が発足したのである．

　計算力学技術者（CAE 技術者）資格は，固体力学分野の有限要素法解析技術者，熱流体力学分野の解析技術者ならびに振動分野の有限要素法解析技術者を対象とした上級アナリスト，1 級，2 級の試験と，初級の認定を実施している．

15-4-2 振動に関する情報

　日本機械学会　機械力学・計測制御部門のなかに振動工学データベース研究会（通称 v_BASE）がある．研究会は，機械に発生した振動問題に関する経験データを集積し，データバンクを構築し，産業界の設計力・検査力の向上に寄与することを目的としている．学会やフォーラムでは，多くの企業の研究者・技術者を核に，大学の先生も参画し，実事例に基づいた振動・騒音問題に関する討論を行っている．これらのデータは振動トラブル発生時の原因と対策・解決ノウハウの重要なヒントとなる．さらに新たな機械・装置を開発する場合や施工管理で検討しておくべき事項を適切に決定する場合の有益な情報となる．

演習問題　A　基本の確認をしましょう

15-A1　海岸の砂が堆積している場所や雪が積もっている場所では，振動や音が低減される．その理由を説明せよ．

15-A2　ランニングの着地時に，足に大きな衝撃力が働く．現在，ランニングシューズに採用されている衝撃低減方法を調べよ．

15-A3　パッシブダンパとして，インパクトダンパがある．インパクトダンパの作動原理と特徴，そして活用方法を示せ．

演習問題　B　もっと使えるようになりましょう

15-B1　野球において，ボールをバットで打ったときに，手がしびれる場合がある．手がしびれる原因を示し，しびれ防止の対策を提案せよ．

15-B2 ビルの建設現場で，図アのようなタワークレーンが用いられている。クレーンに発生する振動は，荷物の運搬精度，安全性，オペレータの健康に大きな影響を与える。クレーンの振動を低減する方法を提案せよ。

図ア （提供：株式会社大林組）

> **あなたがここで学んだこと**
>
> この章であなたが到達したのは
> □振動の種類および調和振動を説明できる
> □調和外力による減衰系の強制振動を運動方程式で表し，系の運動を説明できる
> □振動を低減，あるいは抑制する方法を説明できる
>
> 　本章では，これまで本書で得た知識を活用して，振動を低減，抑制することを学んだ。近年の軽量化や高速化，さらに高効率化にともない，振動に関する問題解決がより重要になる。振動は機械や構造物の性格である。人間と同様，その性格を理解することにより振動を低減，抑制できる。低減，抑制の基本原理を理解し，実際の問題に応用できるようになり，社会で活躍できる人になることを期待する。

解答

1 章

演習問題

1 - A1 略

1 - A2 略

1 - A3 調和振動

周期 T と角振動数 ω の関係：$T = \dfrac{2\pi}{\omega}$，

周期 T と振動数 f の関係：$T = \dfrac{1}{f}$

1 - B1 略

1 - B2 略

1 - B3 略

2 章

●予習

1. 略
2. $m\ddot{x} = mg$
3. 略

演習問題

2 - A1 略

2 - A2 ・並列接続の場合　3000 N/m
・直列接続の場合　約 667 N/m

2 - A3 略

2 - A4 略

2 - B1 略

2 - B2 7790 N/m

2 - B3 4.04×10^{-1} kg

2 - B4 $m_2 \ddot{x}_2 = -k_2(x_2 - x_1) - c_2(\dot{x}_2 - \dot{x}_1)$
$m_1 \ddot{x}_1 = k_2(x_2 - x_1) + c_2(\dot{x}_2 - \dot{x}_1) - k_1(x_1 - d)$

2 - B5 $T = \dfrac{1}{3} mg$

$\ddot{x} = \dfrac{2}{3} mg$

3 章

●予習

1. 略
2. 略
3. 略
4. 略
5. 略

演習問題

3 - A1 $\omega_n = 7.071$ rad/s
$T_n = 0.889$ s

3 - A2 $f_n = 1.115$ Hz

3 - A3 $f_n = 100.658$ Hz
$T_n = 9.935 \times 10^{-3}$ s

3 - A4 $f_d = 15.896$ Hz
$\zeta = 0.05$

3 - B1 $x(t) = e^{-t}(0.1 \cos 6.245 t + 0.018 \sin 6.245 t)$

3 - B2 $\zeta = 0.50$
$\delta = 3.628$

3 - B3 自由振動の運動方程式　$I\ddot{\theta} + c_t \dot{\theta} + K_t \theta = 0$

1) $0 < \zeta < 1$ の場合

固有角振動数　$\omega_n = \sqrt{\dfrac{\pi G d^4}{32 l I}} = \dfrac{d^2}{4} \sqrt{\dfrac{\pi G}{2 l I}}$

減衰固有角振動数　$\omega_d = \sqrt{1 - \zeta^2}\, \omega_n$

減衰比　$\zeta = \dfrac{c_t}{2} \sqrt{\dfrac{32 l}{\pi G d^4 I}} = \dfrac{2 c_t}{d^2} \sqrt{\dfrac{2 l}{\pi G I}}$

応答
$$\theta(t) = \theta_0 e^{-\zeta \omega_n t}\left(\cos \sqrt{1-\zeta^2}\,\omega_n t + \dfrac{\zeta}{\sqrt{1-\zeta^2}} \sin \sqrt{1-\zeta^2}\,\omega_n t \right)$$

2) $\zeta = 1$ の場合

固有角振動数，減衰比は 1) の場合と同じ．

応答　$\theta(t) = \theta_0 (1 + \omega_n t) e^{-\omega_n t}$

3) $\zeta > 1$ の場合

固有角振動数，減衰比は 1) の場合と同じ．

応答　$\theta(t) = \dfrac{(\zeta + \sqrt{\zeta^2 - 1})\theta_0}{2\sqrt{\zeta^2 - 1}} e^{(-\zeta + \sqrt{\zeta^2 - 1})\omega_n t}$
$+ \dfrac{(-\zeta + \sqrt{\zeta^2 - 1})\theta_0}{2\sqrt{\zeta^2 - 1}} e^{(-\zeta - \sqrt{\zeta^2 - 1})\omega_n t}$

4 章

●予習

1. 固有角振動数：$\omega_n = \sqrt{\dfrac{k}{m}}$

減衰固有角振動数：$\zeta = \dfrac{c}{c_t} = \dfrac{c}{2\sqrt{mk}}$

減衰比：$\omega_d = \sqrt{1 - \zeta^2}\, \omega_n$

2. (1) 3 - 1　p.32 〜 p.34 参照
(2) 3 - 2　p.38 〜 p.42 参照

演習問題

4 - A1 振幅　X　約 8.31×10^{-2} m
位相　ϕ　約 3.81°

4 - A2 X_v　約 1.57 m/s
X_a　約 4.93×10 m/s^2

4 - A3 変位応答
$x(t) = 1.875 \times 10^{-2} \sin 20 t - 6.25 \times 10^{-3} \sin 60 t$

4 - A4
変位応答
$$x(t) = e^{-2t}\left(\cos 19.9t + \frac{2}{19.9}\sin 19.9t\right) - \cos 20t$$

4 - B1 略

4 - B2 ζ　約 0.0891
　　　　m　約 2.61 kg
　　　　k　約 2.58×10^3 N/m

5 章

● 予習
1. 略
2. 略

演習問題

5 - A1 (1) 変位振幅比の最大値　約 3.17
　　　　そのときの共振振動数　約 36.0 rad/s
　　　(2) 速度振幅比の最大値　約 3.13
　　　　そのときの共振振動数　約 36.5 rad/s
　　　(3) 加速度振幅比の最大値　約 3.17
　　　　そのときの共振振動数　約 37.5 rad/s

5 - A2 変位振幅比　1.023
　　　　位相差　約 0.293°

5 - A3 減衰比　0.05

5 - B1 略

5 - B2 $\zeta \geqq 0.1691$

6 章

● 予習
1. 略
2. 略

演習問題

6 - A1 加振振動数　6.0 rad/s：約 10.1 kN
　　　　加振振動数 120.0 rad/s：約 3.3 kN

6 - A2 5.208×10^{-3} m

6 - A3 ばね定数 $\leqq 222066.1$ N/m にする。

6 - A4 ばね定数 $\leqq 78956.8$ N/m にする。

6 - A5 10.8 kN

6 - B1 (1) 2.0132 m/s
　　　(2) (a) 6.788×10^{-4} m
　　　　(b) 1.056×10^{-4} m

6 - B2 (1) 2.0131 m/s
　　　(2) (a) 6.831×10^{-4} m
　　　　(b) 1.096×10^{-4} m

6 - B3 略

7 章

● 予習
略

演習問題

7 - A1 固有角振動数
　　　　0 次振動　$\omega_0 = 0$
　　　　1 次振動　$\omega_1 = 5\sqrt{6}$ rad/s
　　　振幅比
　　　　0 次振動　1
　　　　1 次振動　-0.5

7 - A2 固有角振動数　1.637 rad/s と 6.109 rad/s
　　　振幅比　1.366 と -0.3660

7 - B1 $m_1\ddot{x}_1 = -k_1 x_1 - k_2(x_1 - x_2)$
　　　　$m_2\ddot{x}_2 = -k_2(x_2 - x_1) - k_3(x_2 - x_3)$
　　　　$m_3\ddot{x}_3 = -k_3(x_3 - x_2) - k_4 x_3$

7 - B2 $m_1\ddot{x}_1 = -k_1 x_1 - k_2(x_1 - x_2) - k_3 x_1$
　　　　$m_2\ddot{x}_2 = -k_2(x_2 - x_1) - k_4 x_2$

7 - B3 $\dfrac{1}{2}\sqrt{\dfrac{(8\mp\sqrt{61})k}{m}}$

7 - B4 固有角振動数　$\sqrt{\dfrac{(5\mp\sqrt{13})k}{6m}}$
　　　振幅比　$\dfrac{1\pm\sqrt{13}}{3}$

7 - B5 固有角振動数　$\sqrt{\dfrac{(2\mp\sqrt{2})k}{m}}$
　　　振幅比　$1\pm\sqrt{2}$

7 - B6 固有角振動数　$\dfrac{1}{2}\sqrt{\dfrac{(15\mp\sqrt{97})k}{m}}$

8 章

● 予習
略

演習問題

8 - A1
$$X_1 = \frac{F(k - 2m\omega^2)}{(k - m\omega^2)(k - 2m\omega^2) - k^2}$$
$$X_2 = \frac{Fk}{(k - m\omega^2)(k - 2m\omega^2) - k^2}$$

8 - A2　応答振幅　$X_1 = \dfrac{2Fk}{(3k - m\omega^2)(2k - 3m\omega^2) - 4k^2}$
　　　　　　$X_2 = \dfrac{F(3k - m\omega^2)}{(3k - m\omega^2)(2k - 3m\omega^2) - 4k^2}$

質量 $3m$ が制止するときの振動数　$\sqrt{\dfrac{3k}{m}}$

質量 m の応答振幅の大きさ　$\dfrac{F}{2k}$

8 - A3 動吸振器の m, k, c の値は，以下の通り
$m = 3.75$ kg
$k = 710.1$ N/m
$c = 17.53$ Ns/m

8 - B1 応答振幅
$$\Theta_1 = \frac{F(5k - 4m\omega^2)}{(2kl - 4ml\omega^2)(5k - 4m\omega^2) - 8k^2 l}$$

$$\Theta_2 = \frac{4Fk}{(2kl - 4ml\omega^2)(5k - 4m\omega^2) - 8k^2 l}$$

8 - B2 定常振動解
$$x_1 = \frac{F(k - m\omega^2)}{\sqrt{[(k - m\omega^2)^2 - k^2]^2 + [(k - m\omega^2)c\omega]^2}} \sin(\omega t - \phi)$$

$$x_2 = \frac{Fk}{\sqrt{[(k - m\omega^2)^2 - k^2]^2 + [(k - m\omega^2)c\omega]^2}} \sin(\omega t - \phi)$$

ここで，$\tan\phi = \dfrac{(k - m\omega^2)c\omega}{(k - m\omega^2)^2 - k^2}$

9 章

●予習
略

演習問題

9 - A1
$$\begin{Bmatrix} \theta_1 \\ \theta_2 \end{Bmatrix} = \begin{Bmatrix} \dfrac{1.618/1.382}{1-(\omega/0.618)^2}\cos\omega t - \dfrac{0.618/3.618}{1-(\omega/1.618)^2}\cos\omega t \\ \dfrac{1.618^2/1.382}{1-(\omega/0.618)^2}\cos\omega t + \dfrac{0.618^2/3.618}{1-(\omega/1.618)^2}\cos\omega t \end{Bmatrix}$$

9 - B1
(1) 運動方程式
$M\ddot{x} + k_1(x - l_1\theta) + k_2(x + l_2\theta) = 0$
$I\ddot{\theta} - l_1 k_1(x - l_1\theta) + l_2 k_2(x + l_2\theta) = 0$

(2) $\omega_1 = 5.83$ rad/s
$\omega_2 = 10.3$ rad/s

(3) $\begin{Bmatrix} X_{11} \\ X_{12} \end{Bmatrix} = \begin{Bmatrix} 1 \\ -0.303 \end{Bmatrix}$, $\begin{Bmatrix} X_{21} \\ X_{22} \end{Bmatrix} = \begin{Bmatrix} 1 \\ 3.30 \end{Bmatrix}$

10 章

●予習
1. 略
2. 4 m
3. (1) b (2) d
   理由：略
4. 略

演習問題

10 - A1 (1) 5 Hz (2) 2.5 Hz
10 - A2 宙に浮かせた場合（両端自由）
10 - A3 f_1 10.57 Hz
f_2 29.12 Hz
f_3 57.09 Hz

10 - A4 橋は 2 次モード振動を生じている。
固有振動数 0.207 Hz

10 - A5 固有角振動数 40.4 rad/s

10 - B1 (1) 境界条件 $\dfrac{dU(L)}{dx} + \dfrac{k}{AE}U(L) = 0$

(2) 振動数方程式 $\tan\left(\dfrac{\omega L}{c}\right) = -\dfrac{AE}{kL}\left(\dfrac{\omega L}{c}\right)$

10 - B2 運動方程式 $\dfrac{\partial \alpha(x, t)}{\partial t^2} = c^2 \dfrac{\partial^2 \alpha(x, t)}{\partial x^2}$

$c = \sqrt{\dfrac{G}{e}}$

10 - B3 略

11 章

●予習
1. $M = F\sin\theta \cdot r$
2. 4 章，5 章参照。

演習問題

11 - A1 不つり合い質量から 180° の方向に $m = 12$ g
11 - A2 L 面：$\theta_L = 248.2°$ の方向に $m_L = 26.9$ g，
R 面：$\theta_R = 286.7°$ の方向に $m_R = 26.1$ g
11 - A3 (1) 略 (2) 265.4 rpm
(3) 危険速度は速くなる。
11 - A4 略
11 - B1 2593 rpm

12 章

●予習
1. $\omega_n = \sqrt{\dfrac{k}{m}}$
2. $\zeta = \dfrac{c}{2\sqrt{mk}}$

演習問題

12 - A1 略
12 - A2 略
12 - A3 略
12 - A4 略
12 - A5 略
12 - B1 略
12 - B2 略

13 章

●予習

1. $\zeta = \sqrt{1 - \dfrac{4\pi^2}{\omega_n^2 T_d^2}}$

$\omega_n = \dfrac{2\pi}{\sqrt{1-\zeta^2}\, T_d}$

ここで，T_d は減衰固有周期

2. 略

演習問題

13 - A1　略
13 - A2　略
13 - A3　略
13 - A4　略
13 - B1　略
13 - B2　略

14 章

●予習

1. 略
2. 略

演習問題

14 - A1　運動方程式　$m\ddot{x} + kx = \mu mg$
　　不安定振動が生じることの確認　略
14 - B1　略
14 - B2　略

15 章

●予習

1. 略
2. 略

演習問題

15 - A1　略
15 - A2　略
15 - A3　略
15 - B1　略
15 - B2　略

索引

■ 記号・数字
- γ ——— 177
- 1自由度系 ——— 32

■ あ
- アクセレランス ——— 65
- 圧電効果 ——— 142
- 圧電素子 ——— 142
- アンチローリングタンク ——— 13
- 位相角 ——— 33
- 位相差 ——— 59
- 位相平面トラジェクトリ ——— 39
- インパクトダンパ ——— 174
- インパクトハンマ ——— 145
- 渦電流式変位計 ——— 141
- エリアジング ——— 152
- 鉛直ばね振り子 ——— 34
- オイラー角 ——— 20
- オイラーの公式 ——— 120

■ か
- 回転運動 ——— 24
- 角振動数 ——— 16
- 過減衰 ——— 39
- 重ね合わせの原理 ——— 54
- 加振力 ——— 70
- 過渡振動 ——— 51
- 乾性摩擦 ——— 42
- 慣性モーメント ——— 24
- 危険速度 ——— 133
- 基礎絶縁 ——— 70
- 共振 ——— 15,49
- 強制振動 ——— 15,45
- 行列表示 ——— 28
- 空気力 ——— 15
- 偶不つり合い ——— 129
- クーロン摩擦 ——— 42
- クロススペクトル密度関数 ——— 151
- 係数行列の非対称性 ——— 167
- 係数励振 ——— 15
- 系の入出力関係 ——— 151
- 減衰固有角振動数 ——— 41
- 減衰固有周期 ——— 41
- 減衰振動 ——— 23
- 減衰比 ——— 39
- 減衰力 ——— 23
- 弦の横振動の運動方程式 ——— 113
- 高速フーリエ変換 ——— 150
- 剛体 ——— 24
- 剛体振り子 ——— 36
- 固体摩擦 ——— 42
- コヒーレンス関数 ——— 152
- 固有角振動数 ——— 33,103
- 固有周期 ——— 33
- 固有振動数 ——— 33,113
- 固有振動モード ——— 82,103
- 固有振動モード形状 ——— 82
- 固有振動モードの直交性 ——— 104
- 固有ペア ——— 103
- コンプライアンス ——— 65

■ さ
- サイズモ振動計 ——— 76
- サンプリング定理 ——— 152
- 軸力の式 ——— 116
- 自己相関関数 ——— 151
- 実験モード解析 ——— 145,154
- 実体振り子 ——— 36
- 自動調心作用 ——— 133
- ジャンプ現象 ——— 160,164
- 周期 ——— 16
- 自由振動 ——— 14,32
- 自由度 ——— 20
- 周波数応答関数 ——— 151
- 周波数応答曲線 ——— 57,59
- 初期位相 ——— 16
- 自励振動 ——— 15
- 振動数 ——— 16
- 振動数比 ——— 59
- 振動数方程式 ——— 81,102,114
- 振動絶縁 ——— 70
- 振動の節 ——— 87
- 振幅 ——— 16
- 振幅依存性 ——— 160
- 振幅比 ——— 59
- 水平ばね振り子 ——— 32
- 制振装置 ——— 173
- 静たわみ ——— 47
- 静不つり合い ——— 128
- 接触型 ——— 140
- せん断力の式 ——— 119
- 双曲線関数 ——— 120
- 相互相関関数 ——— 151
- 損失係数 ——— 177

■ た

対数減衰率	42
たたみ込み積分	151
ダフィング方程式	162
単振動	33
弾性体	13
ダンパ	23
単振り子	35
力の伝達率	70
力のモーメント	24
跳躍現象	164
調和外力	46
調和振動	16
定常振動	51
テイラー展開	113
動吸振器	95, 172
動つり合わせ	129
動電型加振器	145
動不つり合い	128
特性方程式	33
トルク	24

■ な

ねじりばね定数	37
ねじり振り子	37
粘性減衰	23
粘性減衰係数	23
粘弾性材料	175

■ は

波動方程式	113
ハニング窓	152
ばね定数	22
はりの縦振動の境界条件	117
はりの横振動の境界条件	121
はりの横振動の固有値	122
パワースペクトル密度関数	151
反共振動数	93
半値幅法	65, 156, 177
ピエゾ式	143
ピエゾ式加速度計	142
ピエゾ素子	142
ひずみゲージ式	143
非接触型	140
ピッチ角	20
びびり振動	178
非連成系	85
フィン・スタビライザ	13
フーリエ変換	150
復元力	13

複素平面	16
負性抵抗	166
不足減衰	41
フックの法則	21
物理振り子	36
フラッタ	13
プラットフォーム	176
並進運動	24
変位の伝達率	70

■ ま

曲げモーメントの式	119
窓関数	152
右手座標系	20
未定係数法	47
無周期運動	39
免振装置	173
モード解析	105
モード行列	105
モード座標	105
モビリティ	65
漏れ	153

■ や

ヨー角	20

■ ら

リーケージ	152
離散フーリエ変換	150
履歴現象	164
臨界減衰	39
臨界減衰係数	39
励振力	70
レーザ式変位計	141
レーザドップラー式速度計	142
連成系	81
ロードセル	142
ロードノイズ	176
ローパスフィルタ	154
ロール角	20

●本書の関連データがwebサイトからダウンロードできます。
https://www.jikkyo.co.jp/ で
「機械力学」を検索してください。
提供データ：WebにLink

■監修

PEL編集委員会

■編著

本江哲行　国立高等専門学校機構
　　　　　本部教育研究調査室教授

■執筆

阿部　晶　旭川工業高等専門学校教授　　河村庄造　豊橋技術科学大学教授

伊藤昌彦　仙台高等専門学校教授　　　　外山茂浩　長岡工業高等専門学校教授

岡本峰基　木更津工業高等専門学校准教授　中江貴志　大分大学准教授

軽部　周　大分工業高等専門学校准教授

●表紙デザイン・本文基本デザイン──エッジ・デザイン・オフィス
●DTP制作──ニシ工芸株式会社

Professional Engineer Library　　　2016年11月15日　初版第1刷発行
機械力学　　　　　　　　　　　　　2022年3月15日　　　第3刷発行

●執筆者　本江哲行 ほか7名(別記)　　●発行所　実教出版株式会社
●発行者　小田良次　　　　　　　　　〒102-8377
●印刷所　中央印刷株式会社　　　　　東京都千代田区五番町5番地
　　　　　　　　　　　　　　　　　　電話［営　　業］(03)3238-7765
　　　　　　　　　　　　　　　　　　　　［企画開発］(03)3238-7751
無断複写・転載を禁ず　　　　　　　　　　［総　　務］(03)3238-7700
　　　　　　　　　　　　　　　　　　https://www.jikkyo.co.jp/

Ⓒ T. Hongo 2016

ISBN978-4-407-33790-7　C3053　　　　　　　　　　　　Printed in Japan